色彩搭配速查

INTERIOR DESIGN
室内设计美学丛书

理想·宅 编

海峡出版发行集团 | 福建科学技术出版社
THE STRAITS PUBLISHING & DISTRIBUTING GROUP | FUJIAN SCIENCE & TECHNOLOGY PUBLISHING HOUSE

图书在版编目（CIP）数据

色彩搭配速查 / 理想·宅编．—福州：福建科学技术出版社，2017.10
（室内设计美学丛书）
ISBN 978-7-5335-5427-9

Ⅰ．①色… Ⅱ．①理… Ⅲ．①住宅－室内装饰设计－装饰色彩 Ⅳ．①TU241

中国版本图书馆 CIP 数据核字（2017）第 235065 号

书　　名　色彩搭配速查
　　　　　室内设计美学丛书
编　　者　理想·宅
出版发行　海峡出版发行集团
　　　　　福建科学技术出版社
社　　址　福州市东水路76号（邮编350001）
网　　址　www.fjstp.com
经　　销　福建新华发行（集团）有限责任公司
印　　刷　福建彩色印刷有限公司
开　　本　700毫米×1000毫米　1/16
印　　张　9
图　　文　144码
版　　次　2017年10月第1版
印　　次　2017年10月第1次印刷
书　　号　ISBN 978-7-5335-5427-9
定　　价　49.80元

前 言 Preface

色彩、造型、材质是左右室内装饰效果的主要因素，其中色彩是最简单而又有效的装饰手段。举例来说，两个使用同样造型和材质的居室中，仅改变材质的色彩，所呈现的效果也是不同的；同样的，即使是装饰简单的居室，只要色彩搭配恰当，也同样让人觉得舒适。成功的色彩设计就意味着家居整体设计一半的成功。

然而家居色彩设计可以说是一个非常专业和个性化的事情，没有不正确的色彩组合，只有不能够引起人们共鸣的色彩设计。色彩设计不仅受到人们主观意识的影响，还受到各种环境因素的影响，同样的色彩搭配每个人的感觉可能都会不同，但总的来说还是有规律可循的，我们将这种规律性总结出来，编写了《色彩搭配速查》。

本书由“理想 · 宅 Ideal Home”倾力打造，本书总结了多个经验丰富的从业设计师的色彩方面的设计经验，从色彩的基础知识入手，以简洁明快的总结性句式结合例图，搭配设计技巧，系统地讲解家居色彩设计，具有非常强的实用性，不仅适用于计划进行家装的业主，也适用于刚入行的专业设计人员。

对于零基础的新人来说，可以先从第一章开始阅读，了解家居配色的各种基础知识，包括一些常见专业名词的解析，在后面的深化讲解中都经常出现，打好基础才是设计成功的关键。后面几章属于针对性较强的配色知识，属于并列关系，只是出发角度不同，假设读者是单身男性喜欢现代风格，可以从男性色彩和现代风格色彩中选取具有共同点的配色装饰居室，更容易设计出让人产生共鸣的效果。

Contents

目录

第一章
家居配色的基础知识

第二章
配色与家居风格

第三章
针对不同人群的配色

第四章
家居配色印象

第一章
家居配色的基础知识

色彩是非常引人注意的一个装饰元素

它非常具有特点

即使是顶面、墙面和地面完全相同的一个房间中

只要改变了家具的颜色

给人的感觉也会发生变化

想要盖高楼首先要打好地基

了解色彩的基础知识才能更好地进行色彩设计

- □ 色彩的要素
- □ 色相的意义
- □ 不同色系
- □ 色相的组合
- □ 色调的组合
- □ 色彩四角色
- □ 色彩的作用
- □ 色彩的重量

色彩的要素 三种要素决定色彩效果

色彩三要素就是指色彩的色相、明度和纯度，色彩是通过这三种要素来准确地描述出来，而被人们所感知的，人眼看到的任何一种色彩都是这由三个特性综合起来得到的效果。在进行色彩设计的时候，可以通过调节色彩的这三个要素，将配色所表达的情感意义准确地传达给人们，以获得共鸣。

三要素解析

①**色相：**当人们称呼一种色彩为红色、另一种色彩为蓝色时，指的就是色彩的色相这一属性。所有色相的基础是都是三原色——红、黄、蓝，它们两两调和后会得到三种间色；将间色和原色继续混合后，又会得到复色，这十二种就是所有色彩演变的基础。

原色

红 蓝 黄

间色

橙 绿 紫

复色

红橙 黄橙 黄绿 蓝绿 蓝紫 红紫

②**明度、纯度：**在进行水彩、水粉类的绘画课程学习时我们可以发现，在一种色相中添加不同程度的白色、灰色或黑色时，这种色相就会产生相应的变化，色彩学家将这种变化称为明度和纯度的变化，它们就是色彩的另外两大要素。需要注意的是，即使是在都是纯色的情况下，不同色相的明度也是有区别的，通常来说，暖色的明度要高于冷色，了解这一点，对家居配色设计是非常有帮助的。

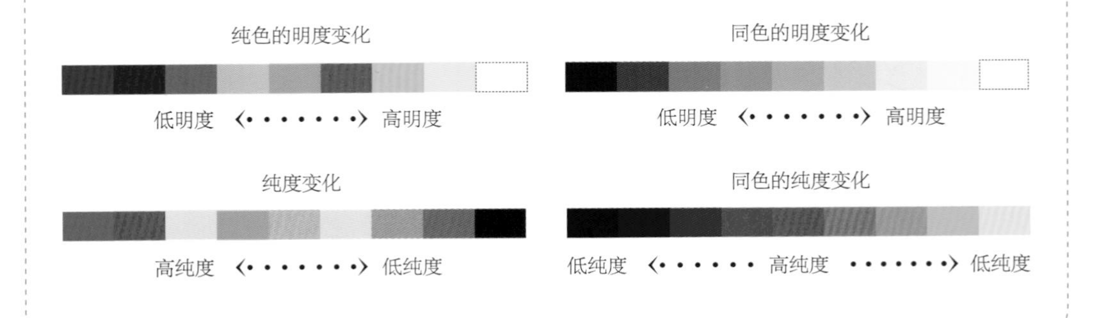

色彩要素类别速查

色相

色相是指色彩所呈现出来的相貌，是色彩的首要特征，是区别各种不同色彩的最准确的标准。世界上除了黑、白、灰外的所有色彩都有色相的属性，都是由原色、间色和复色构成的。

配色要点

不同色相给人的感觉是不同的，色彩设计就是将色相相组合的过程。

明度

色彩的明度指的是色彩的明暗程度，同一色相会因为明暗的不同产生不同的变化，也就是色彩给人的感觉会随着明度变化而变化。纯色加入白色明度会增加，加入黑色明度会降低。

配色要点

即使是同一个色相，明度发生变化，色彩给人的感觉也会随之而变化。

纯度

纯度指色彩的鲜艳度，也称饱和度或彩度、鲜度。不同的色相明度和纯度均不相同。纯色无论加白色还是黑色进行调和，纯度都会降低，如加入灰色，也会降低色彩的纯度。

配色要点

在实际运用中，使用的色彩纯度越高刺激感越强，降低纯度后，刺激感会随之而降低。

色相的意义 不同色相有不同情感意义

世界上的色相是千变万化的，为了让人们更直观地观察并利用这种变化，色彩学家归纳了色相环，它是以三原色为基础，通过色相组合，明度、纯度变化而扩展的，色相环能够体现出不同色相之间的关系，在家居色彩设计中它最主要的作用就是辅助色彩设计。

最原始的色相，都源自于自然界中的诸多事物

色相环解析

颜色秩序的归纳

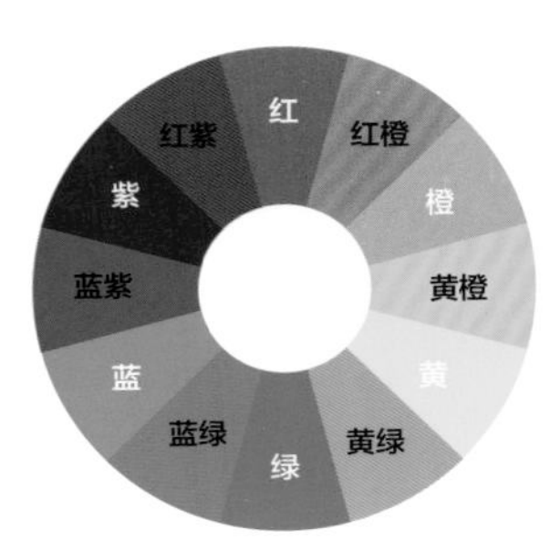

12 色相环

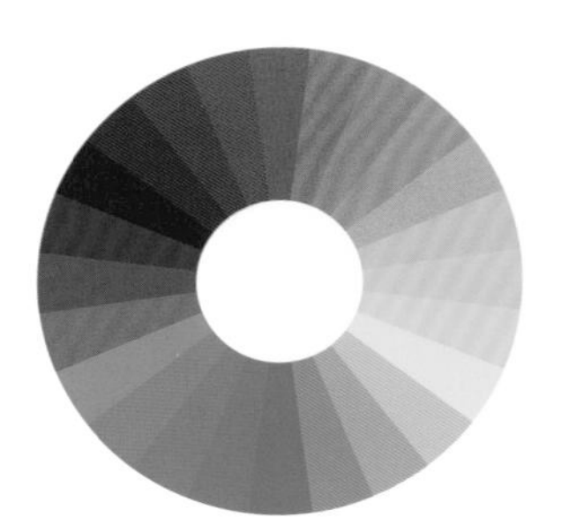

24 色相环

从色相环上可以看出每一种色相给人的感觉都是不同的，了解这些色相的情感意义，并将它们与居室主人的年龄、性别、个性等联系起来，是家居色彩设计协调与否的基础。

最基础的色相环是 12 色相环，是由原色、间色和三次色组成的，它也是其他色相产生的基础。将其中相邻的色相再次混合就能得到 24 色相环，继续混合还可以形成其他数量的色相环。色相环上能够更直观地找到色彩调和后的相貌，进而确定与其组合的色相搭配后是否协调，而后再选取相应的材质，将其在实际场景中呈现出来。

基础色相类别速查

红色

红色是原色之一，它象征活力、健康、热情、朝气、欢乐，使用红色能给人一种迫近感，使人体温升高，引发兴奋、激动的情绪。纯色的红色最适合用来表现活泼感。

配色要点

适合用在客厅、活动室或儿童房中，鲜艳的红色不适合大面积地使用，以免让人感觉刺激。

黄色

黄色是原色之一，能够给人轻快、充满希望、活力的感觉，能够让人联想到太阳，用在家居中能使空间具有明亮感。它还有能够促进食欲和刺激灵感的作用。

配色要点

鲜艳的黄色过大面积的使用，容易给人苦闷、压抑的感觉，可以缩小使用面积，做点缀或花纹使用。

蓝色

蓝色是三原色之一，它是最冷的色彩，代表着纯净，通常让人联想到海洋、天空、水、宇宙。纯净的蓝色表现出一种美丽、冷静、理智、安详与广阔。

配色要点

适合用在卧室、书房、工作间和压力大的人的房间中，以蓝色软装饰为主的空间，显得理智、成熟、清爽。

橙色

橙色是红色和黄色混合的复色，所以兼具了红色的热情和黄色的明亮，是最温暖的颜色。它能够使人联想到金色的秋天、丰硕的果实，是一种富足、快乐而幸福的颜色。

配色要点

橙色能够激发人们的活力、喜悦、创造性，适合用在客厅、餐厅、活动室或儿童房中。

绿色

绿色是蓝色和黄色的复合色，能够让人联想到森林和自然。它代表着希望、安全、平静、舒适、和平、自然、生机，能够使人感到轻松、安宁。

配色要点

绿色是自然界中最常见的颜色，在居室中使用它能让人们联想到自然，基本上没有使用限制。

紫色

紫色是蓝色和红色的复合色，具有比较明显的女性倾向，用紫色装饰居室具有高贵、神秘的感觉。紫色还是浪漫的象征，淡雅的藕荷色、浅紫色等可用来表现单身女性的空间。

配色要点

不论什么色调的紫色，加入白色调和后，给人的感觉都非常柔美。需要注意男性空间应慎用紫色。

青色

青色是将蓝色和绿色调和后得到的颜色，它兼具蓝色和绿色的特点，清爽而不单调，象征着坚强、希望、古朴和庄重。

配色要点

适合追求和平、安定生活氛围的人群，还能够表现善良的性情特点。

蓝紫色

蓝紫色是紫色和蓝色的调和色，具有一些冷峻感和神秘感，它能够使心情浮躁的人冷静下来。不论是明亮的蓝紫色还是灰亮的蓝紫色，都有一种神秘的、成熟的都市美感。

配色要点

明度较高的蓝紫色适合大面积地使用，而低明度的蓝紫色更适合小面积的作点缀。

紫红色

紫红色是紫色和红色的调和色，具有女性特点的色相。特别是提升了明度后的紫红色，会变成粉色，甜美、浪漫，而纯正的紫红色则具有华丽、优雅的感觉。

配色要点

很适合用在女性空间，例如单身女性住所，是性别特征非常明显的色相，男性空间使用应谨慎。

家居配色技巧

黄色适合采光差的房间

黄色具有开放感，用在采光不佳的空间中能够使空间显得明亮，同样适合用在餐厅和书房中，能够刺激食欲以及激发创作的灵感。明亮纯正的黄色可以用在主要家具上，例如沙发或者床品寝具，如果大面积使用，需要很好的配合。亮度提高后的黄色大面积使用能够使人感觉柔和而温馨。

▲为了避免太耀眼，黄色降低了明度用在墙面上，并搭配深棕色的家具，来获得视觉上的平衡。

红色降低明度后可扩大使用面积

大红色大面积的使用容易使人产生急躁、冲动的情绪，在进行家居配色时，正红色或鲜红色可作为重点色少量使用，会使空间显得富有创意。如果要大面积地运用正红色，可以用深一些的绿色作为点缀调节。将深红、暗红等作为背景色或主色使用，能够使空间具有优雅感和古典感。

▲在女孩房中使用深红色组合白色，典雅而高贵又不失女孩温柔、甜美的特点。

使用蓝色需注意明度

明度高的蓝色具有清澈、爽朗的感觉，既可在墙面大面积使用也可用在家具上。如果用在地面上建议搭配一些具有重量感的色彩，否则容易使空间重心不稳。用在浴室中可以使人感觉轻松，减轻压力。明度低的深蓝色、暗蓝色如果使用面积过大容易使人感觉阴郁，特别是在墙面上，需控制使用面积。在卧室中使用蓝色时，可以搭配一些跳跃的色彩，来避免产生过于冷清的氛围。

▲客厅如果空间面积不大，暗蓝色不适合用在墙面，以免显得压抑、暗沉，用在家具或地面上反而具有沉浸感。

纯度高的橙色易造成刺激感

橙色与黄色一样具有明亮感，用在采光差的空间能够弥补光照的不足。在卧室和书房中过多地使用纯正的橙色，会使人感觉过于刺激，可降低纯度和明度后使用。高纯度的橙色最适合小面积地用在餐厅中，可以刺激人们的食欲。橙色中适量调入一些黑色会显得沉稳，若加入一些白色，会显得更甜腻一些。

▲降低了一些纯度的橙色用在餐厅中与白色搭配，塑造出明快而又愉悦的氛围，可以让用餐的人有好的心情。

深紫色适合作为主要色彩或点缀使用

沉稳的紫色能够促进睡眠，适合用在卧室中。可以用在寝具上，如果用在墙面上面积不适合过大，以免使人感觉阴郁，可以以装饰画或壁纸花纹的形式点缀使用。纯正的紫色具有极强的个性，大面积使用时，建议搭配补色，以平衡色彩感。

▲深紫色与淡紫色组合的寝具与米黄色的墙面搭配，优雅高贵中带有一丝活泼感。

绿色搭配对比色更具生机感

单独地使用绿色，容易显得缺乏情趣，可以将它作为房间中的主要色彩，再以红色、粉红色、黄色等明亮或纯正一些的色彩作点缀，形成鲜明的对比感，这种源于自然界中的配色，可以使绿色的生机感更强烈。绿色和金黄、淡白搭配，能够产生优雅、舒适的气氛。

▲淡雅的绿色墙面搭配彩色条纹床和白色床品，让人能够感受到轻松、舒适的氛围，同时又不感觉到单调。

青色适合抑郁人群

青色有一种超凡脱俗的感觉，能够使人在心情抑郁的时候心灵得到慰藉，很适合工作特别繁忙的人群以及长期心情抑郁的人。可以用比较淡雅或明度略低一些的青色涂刷墙面，或者使用青色的家具。需要注意的是，暗沉的青色具有衰退、灰心的感觉，须慎用。

▲用纯度略低一些的青色装饰餐厅的墙面，搭配白色顶面和茶色桌椅，使人感觉内敛、文雅又具有舒畅感。

不同色调的紫红色展现女性不同美感

明亮的紫红色又称粉红色，无论是明亮的还是淡雅的粉红色都能够表现出可爱、乖巧的感觉，可以大面积地作为背景使用，将粉红色与高纯度的紫色搭配通常都能得到较好的效果。而纯色调的紫红色具有内敛的华丽感，暗色调的紫红色则具有古典感，这两种色调的紫红色如果大面积使用，需要依托于材质的纹理变化，不适合没有任何变化的平面式的使用方式。

▲纯白色的环境中摆放一张接近纯色的紫红色沙发，明快而又现代，同时还具有融合了高雅和柔美的女性特征。

蓝紫色适合需要安静的空间

蓝紫色能够让人们浮躁的心情冷静下来，很适合用在需要安静的空间内。如果同时搭配紫色用在卧室中，能够使人更快地沉静下来。蓝紫色是一种比较中性的颜色，单色调更适合女性，深色调更适合男性。如果喜欢浪漫的感觉但不想要太甜腻，淡色调的蓝紫色是个不错的选择。

▲蓝紫色与非常适合用在卧室的紫色作为点缀色搭配白色，塑造出清新、高雅的睡眠环境。

不同色系 决定居室冷暖感觉

不同色彩给人的心理感觉是不同的。例如有些色彩看到后能够让人联想到太阳、火焰，使人感觉温暖，这类色被色彩学家定义为暖色系，包括黄色、红色、橙色等；而有些颜色看到后让人联想到大海、天空，会使人感觉冷，被定义为冷色系，例如蓝色和青色；还有的没有明显的冷暖偏向，被定义为中性色，包括绿色和紫色等。

色系解析

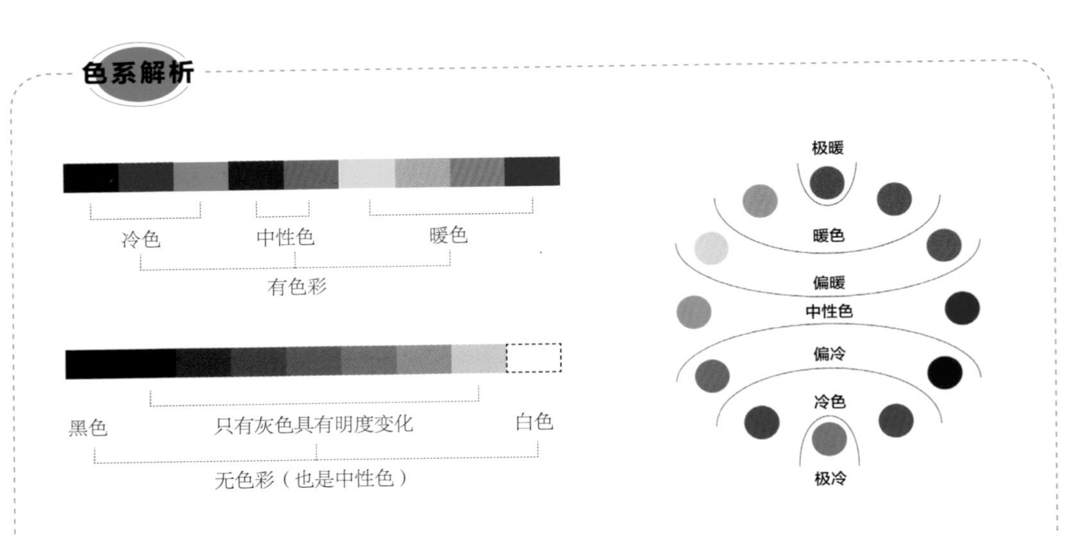

但从彩色与非彩色的角度来讲，所有的色彩又可以分为彩色系和无色系两类。黑、白、灰、金、银等色彩没有色相和纯度这两个要素，所以将这样的色彩称为无色系；而将同时拥有色彩三要素的颜色称为彩色系，其中黑、白、灰由于没有明确的冷暖偏向，所以从广义上说它们既是无色系又属于中性色。

同一种色相，即使是明度或纯度发生变化，它的冷暖感觉也是不变的，如蓝色无论是变浅还是变深，都具有冷感，不同的是，发生改变后，冷感有所变化。在进行居室设计时，可以将色彩的冷暖表现与居室的环境、季节等因素结合起来，使人们在心理上感觉更舒适，例如冬天使用暖色，夏天使用冷色软装等。

暖色纯度降低后仍然具有温暖感，但纯色的温暖感最强烈。

冷色纯度降低后同样具有冷感，但纯色的清凉感最强。

中性色改变明度后仍然没有冷暖偏向。

色系类别速查

彩色系

彩色系是指所有有色相和纯度属性的色彩，根据人们对色彩的心理感受，把让人们温暖的颜色定为暖色系让人们感到冷清的颜色定为冷色系，不冷不暖的色彩定为中性色。

配色要点

根据人们对色彩的这种冷暖感觉，可以随着季节而改变软装的颜色，使心理更舒适。

无色系

无色系指除了彩色以外的其他颜色，常见的有黑、白、银、金、灰，纯度接近于 0，明度变化从 0 到 100，此类色彩可以与任何其他色彩搭配，容纳力很高。

配色要点

若仅在无色系范围内做色彩搭配，可以塑造出极具时尚感和前卫感的氛围。

配色窍门 • 根据季节更换软装的配色 •

冷色和暖色在生活中能够调节居室的氛围，让人们从心理上感觉更舒适。例如在炎热的夏季，在顶面、墙面和地面的大块面颜色不变的情况下，可以将窗帘以及沙发罩或者沙发靠枕的颜色变成冷色系，从配色上让人具有清爽感；反之，在冬季特别寒冷的时候，这些软装饰就可以变成温暖的颜色，使人感觉温暖，以减轻寒冷的感觉。还可以将这种配色方式与节日结合起来，例如春节的时候将一些软装换为红色来加强节日气氛。

家居配色技巧

纯色调的暖色数量不宜过多

纯正的暖色都具有一些刺激感，特别是红色，如果同时大面积地使用两种或两种以上的纯暖色，这种刺激感会加重，容易使人感觉不舒服。如果要同时使用数量较多的暖色，可以结合色彩的纯度来具体分析。多种纯暖色的最合适方式是作为点缀使用，还可将一种暖色降低一些明度或纯度作主色，其他纯暖色作点缀。

▲纯色调的橙色、黄色和红色点缀在灰色中，使素雅的氛围变得活跃起来。

▲淡雅的蓝色用在墙面上，与白色和深棕色家具搭配清新而不乏舒适感，同时还扩大了空间感。

根据空间特点选色系

并不是所有的户型都是规整、比例恰当的，这些缺陷并不能从建筑上更改，利用不同色系的特点来减弱建筑的缺点是比较轻松的办法。例如明亮的冷色具有退后性，就很适合窄小的空间；暖色具有紧凑性，适合空旷空间或狭长空间的尽头墙面。

将灰色进行调和可具有冷暖偏向

灰色可以大面积地使用。当灰色加入其他色彩调和时，就有了冷暖的变化。若想要塑造出灰色为主的空间，可以加入带有色彩感的灰色，避免单调感。使用低明度的灰色时，需注意避免压抑感的产生，控制使用面积或者采用灰色与其他高明度色彩组合的图案。

▲空间整体色彩都控制在灰色调范围内，素雅而又具有层次感，给人大气、整体的感觉。

大面积使用白色可用彩色点缀

白色可以与其他任何色彩组合搭配，是居室设计中的基础色。白色大面积地作为主色使用时，能够塑造出纯净、整洁的氛围。与同为无色系的黑色或灰色搭配时，最具现代感。如果墙面、地面、家具均采用白色时，容易让人感觉缺乏情趣，可以用一些鲜艳的饰品来点缀，活跃氛围。若不喜欢艳色，可用材质的图案调节氛围，例如黑白条纹的地毯。

▲以白色作为卧室的主色显得整洁宽敞，紫红色靠垫和黑白条纹花瓶的加入活跃了氛围，避免了单调感。

无色系组合需分清主次

在很多家居风格中，无色系都会组合起来使用，这也是一种非常经典的配色方式。这通常是以黑、白、灰为主，此时需要注意色彩之间的比例，不宜采用平均的做法，而应有主有次，想要突出哪一种颜色的特点就将其放在重要位置上，其他两种用在背景中。金色或银色适合用在家具的边框部分或者用于饰品上。

▲白色占据最大面积，灰色次之。与白色配合，黑色放在重点部位，整体层次分明使效果非常协调。

色相的组合 主导配色的内敛与活泼

家居空间内基本不存在只使用一种色彩的情况，至少是 2~3 种，这些使用的色相之间的关系主导配色感觉。某色相和某色相的组合形式可称为色相型，色相的数量以两种为组合的基础，色相之间的关系可以参考色相环来判定。

色相型解析

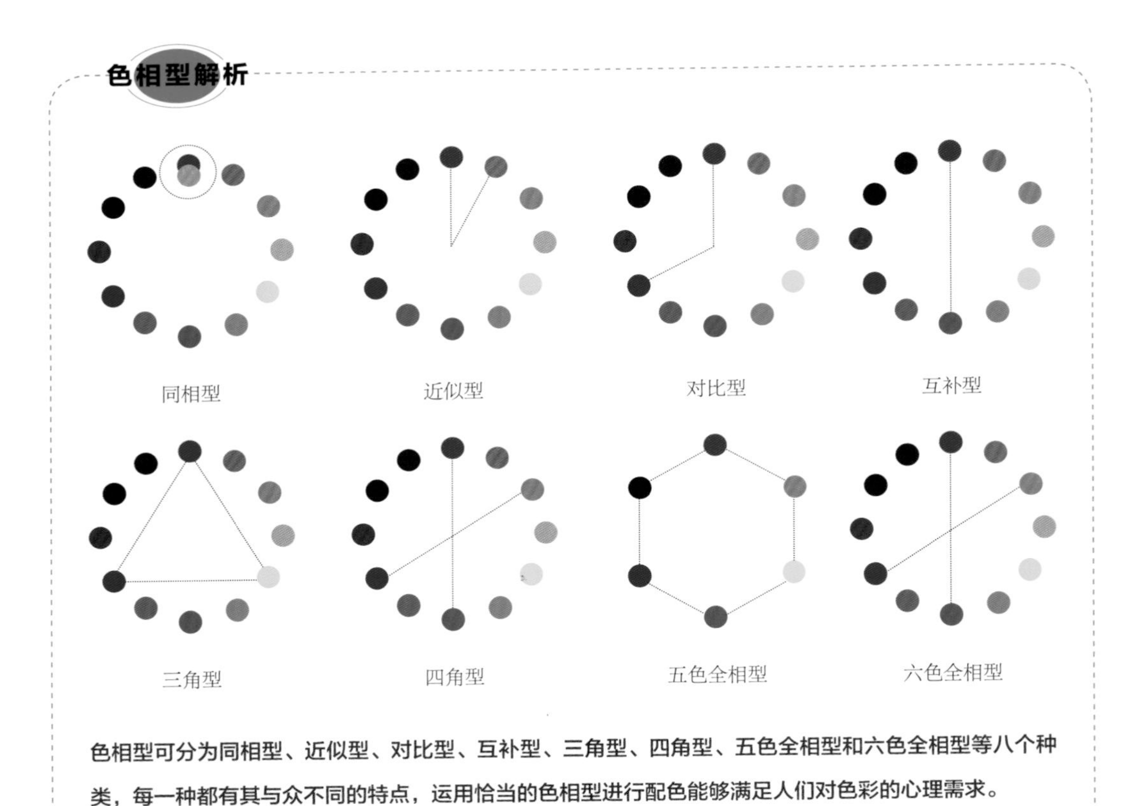

色相型可分为同相型、近似型、对比型、互补型、三角型、四角型、五色全相型和六色全相型等八个种类，每一种都有其与众不同的特点，运用恰当的色相型进行配色能够满足人们对色彩的心理需求。

总的来说，色相之间距离越远、色相的数量越多，所形成的色相型开放感和活泼感越强，反之则越内敛、越闭锁。

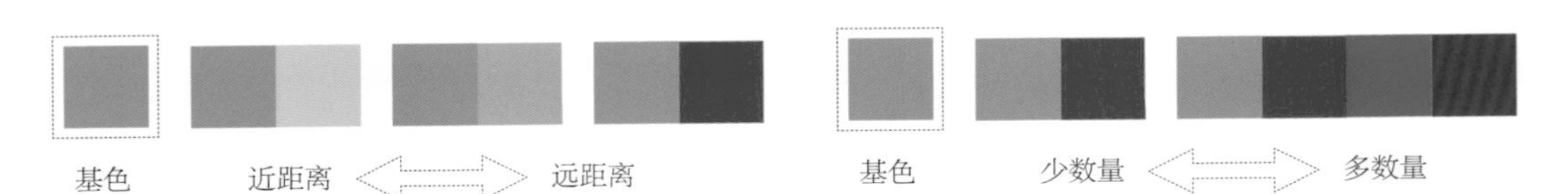

色相型类别速查

同相型

同相型指采用同一色相中不同纯度、明度色彩相搭配的设计方式。这种搭配方式比较保守，具有执着感，能够形成稳重、平静的效果，相对来说，也比较单调。

配色要点

即使采用同相型配色，不同色相也会对空间产生不同的印象，如暖色使人感觉温暖，冷色使人感觉平静等。

近似型

近似型指用色相环上相邻的色彩搭配的设计方式，即成 60° 角范围内的色相都属于近似型。它比同相型配色的色相幅度有所扩大，仍具有稳定、内敛的效果，但要开放一些。

配色要点

此种色相型适合喜欢稳定中带有一些变化的人群，不会太活泼但也有层次感。

对比型

对比型配色，指将一组互为对比色的色相搭配的设计方式。比起前两种方式更为开放、活泼，色相差大，对比度高，效果具有强烈的视觉冲击力。

配色要点

这是适合常用的一种色相型，运用得当能够使人具有鲜明、深刻的印象。

互补型

互补型配色，指将一组补色进行搭配的设计方式，即在色相环上位于 180° 上的两色为互补型。形成的氛围与冲突型类似，但冲突性、对比感、张力更强，更华丽、紧凑、开放一些。

配色要点

在家居配色中，如果寻求少量色彩的强烈冲击感，可以尝试使用互补型配色来营造。

三角型

三角型配色，指采用色相环上位于正三角形（等边三角形）位置上的三种色彩搭配的设计方式。三角型配色最具平衡感，具有舒畅、锐利又亲切的效果。

配色要点

最具代表性的是三原色组合，具有强烈的动感，三间色的组合效果则温和一些。

四角型

四角型配色，指将两组类比型或互补型搭配的配色方式。醒目、安定同时又具有紧凑感，比三角型配色更开放、活跃一些，是冲击力最强的配色类型。

配色要点

用更直白的公式表示可以理解为：类比型 / 互补型 + 类比型 / 互补型 = 四角型。

五色全相型

全相型配色是所有配色方式中最为开放、华丽的一种，使用的色彩越多就越自由、喜庆，具有节日的气氛，通常使用的色彩数量有五种就会被认为是全相型。

配色要点

活泼但不会显得过于激烈的使用五色全相型，最适合的办法是用在小装饰上。

六色全相型

没有任何偏颇地选取色相环上的六种色相组成的配色就是六色全相型，是色相数量最全面的一种配色方式，包括两种暖色、两种冷色和两种中性色，比五色更活泼一些。

配色要点

选择一件本身就是六色全相型的家具或布艺，是最不容易让人感觉混乱的设计方式。

配色窍门 · 色彩数量的控制

色彩数量也制约着配色的最终效果。色调和色相是首先要考虑的两个因素，随后还应将色彩数量纳入设计中。实际上这与色相型是同一种原理，但如果对色相型不能完全理解，记住色彩数量与配色效果的关系也能够控制配色效果的开放程度。色彩数量多的空间，给人自然、舒展的感觉；色彩数量少的空间给人内敛感，显得简练、雅致。

家居配色技巧

稳重、平和的氛围用内敛类色相型

追求稳重、平和的氛围，可以采用稳定、内敛类的色相型，例如同相型和近似型，但此类搭配容易让人感觉单调，不建议大面积的使用，以免让人感觉乏味。可以在小范围内使用，例如重点色和辅助色采用此类配色，环境色和点缀色采用柔和一些的色彩，让整体平和中带有层次感。

▲本案设计师以不同明度的青色做同相型与主体部分的灰色组合，塑造出清新、朴素而又内敛的感觉。

三角型配色有窍门

在进行三角型配色时，可以尝试选取一种色彩作为纯色使用，另外两种做明度或纯度上的变化，这样的组合既能够降低配色的刺激感，又能够丰富配色的层次。如果是比较激烈的纯色组合，最适合的方式是作为点缀色使用，太大面积的对比感比较适合追求前卫、个性的人群，并不适合大众。

▲明度略低与纯色的红色与白色搭配用在墙面上，再加入与之成三角型配色的两个沙发靠垫，明快而华丽。

四角型配色具有吸引力

四角型配色能够形成极具吸引力的效果，暖色的扩展感与冷色的后退感都表现得更加明显，冲突也更激烈，最使人感觉舒适的做法是小范围地将四种颜色用在软装饰上，例如沙发靠垫。如大面积地使用四种颜色，建议在面积上分清主次，并减低一些色彩的纯度或明度减弱对比的尖锐性。

▲四种主色都调节了明度，组合起来甜美但不刺激，少量接近纯色的橘红色作点缀，丰富了层次感。

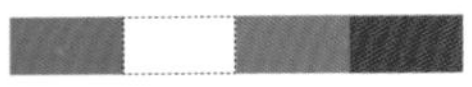

多色型组合可巧妙运用

三种色相以上的组合可视为多色型组合，将此类色相型用在点缀色上，比起用作背景色及主角色，更易让人接受；若作背景色可用在地面上，例如现在新型的彩色地板，或者彩色花纹的地毯，搭配白色墙面和简单的家具就非常具有装饰性，或者选择一幅多色装饰画搭配白墙，活泼而又不激烈还具有艺术感。

▲ 清新的氛围中，使用一幅全相型配色的装饰画，增加一丝活跃感的同时，并不会破坏原有的氛围。

小空间使用全相型宜搭配白色

在面积较小的家居空间中，不建议大面积地使用全相型，如果主次掌握得不好很容易让人感觉过于喧闹、拥挤，特别是都用在墙面上的时候。小居室，若喜欢全相型配色方式，可以背景色采用白色或浅色为主，主要家具以及小饰品等物品小面积组成全相型，既显得活泼又让人感觉混乱。

▲ 以白色和蓝色的清爽组合作背景色，橙色、红色、绿色作点缀，活泼感表现得恰到好处。

色调的组合 决定配色的丰富性

色调指色彩的浓淡、强弱程度，是由色彩的明度值和纯度值交叉组成。常见的色调有鲜艳的纯色调、接近白色的淡色调、接近黑色的暗色调等。即使是同一种色相，当色调发生改变时这种色相给人的感觉也会发生改变，例如淡蓝色清新，而深蓝色则静谧。

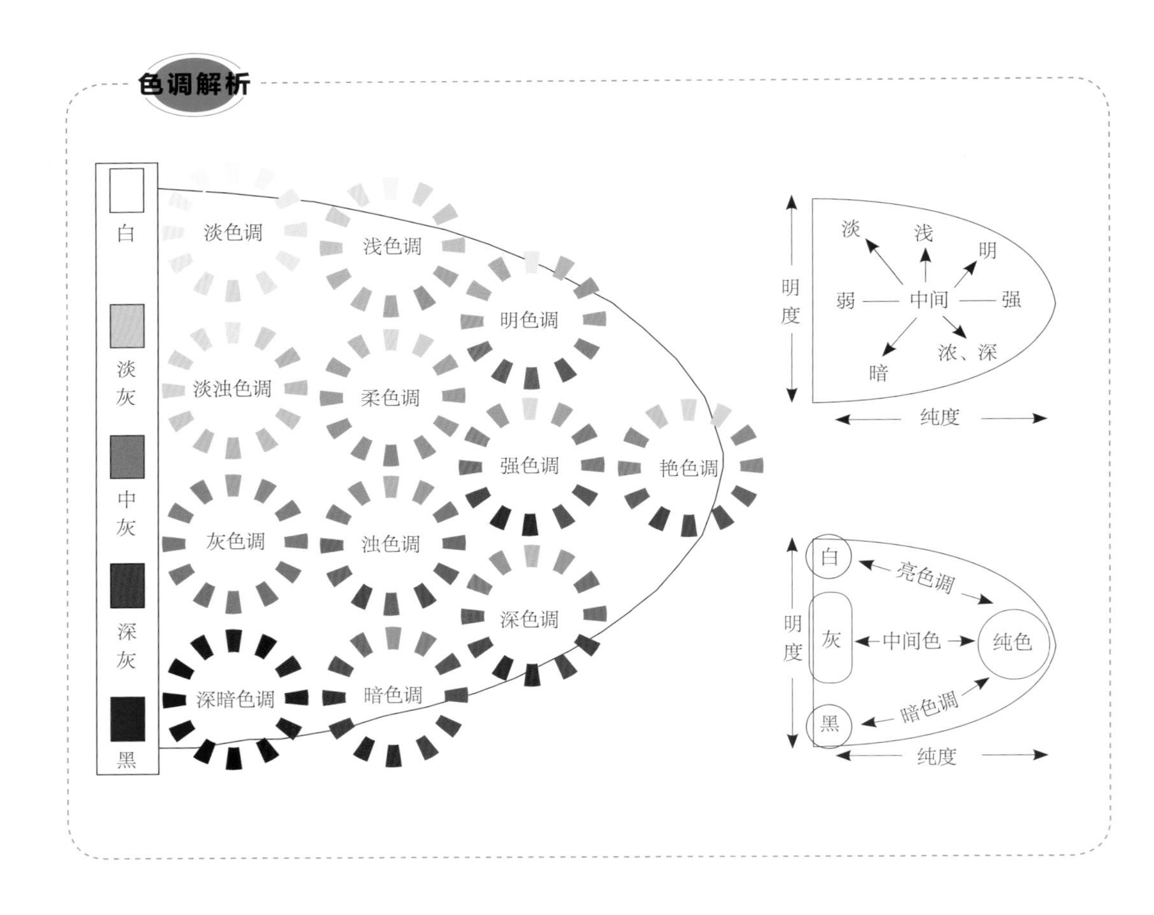

色调型就是指某色调与某色调的色彩组合形式。可以说色相组合主导整体氛围，而色调组合影响色彩情感。一个空间中即使采用了很多色相进行组合，只要色调一致或靠近，最终效果也会有协调、统一的感觉。

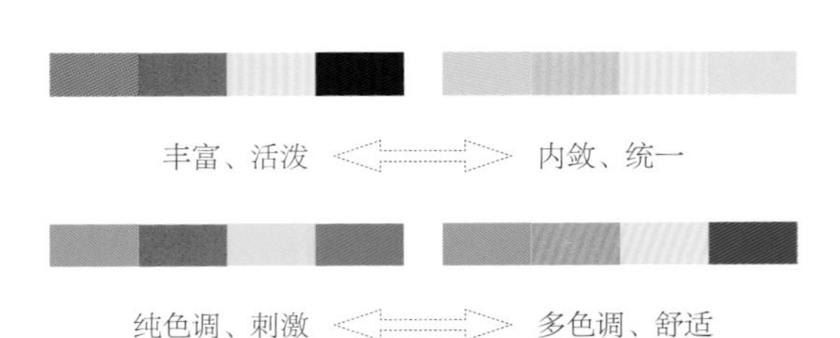

色调型类别速查

内敛型

一个空间中只有一种色调的情况基本是不存在的，当室内配色的色调数量为 2～3 种时，可以定义为少数色调。这种配色的效果是内敛、执着的，所以称为内敛型。

配色要点

当采用同相型色相组合式，如搭配内敛型色调型，整体效果仍然内敛，但层次感不会薄弱。

开放型

当使用超过 3～4 种色调进行配色时，居室内的层次感就会相当丰富，这种色调型配色称为开放型。如果同时再搭配以相同数量的色相，效果会更活泼。

配色要点

配色感觉略单调，又不想增加色相数量的时候，把色调型调整为开放型可以增加层次感。

丰富型

当同一个空间内使用的色调数量为 5 种以上的时候，此种配色的色调型可以称为丰富型。即使是少数的色相，使用丰富型的色调型，也会形成高雅中带有活泼感的效果。

配色要点

当塑造比较沉稳或朴素的效果时，使用此种色调型就不会让人有乏味、单调的感觉。

家居配色技巧

纯色调暖色让活力感加强

红、橙、黄等暖色相能够使人感觉到活力和热情，这是指这个色相的整体印象。而一个色相又可以分为不同的色调，如果想要让这些色相的活力感加强，则需要选择该类色相的纯色调，才能够使人感觉到鲜明、醒目、热情、健康、艳丽的印象。

▲高纯度橙色组合青色，加入白色作调节，活泼而又具有复古感。

多色调组合更自然、更丰富

一个家居空间中即使采用了多个色相，但色调一样或相近也会让人感觉很单调，单一色调也极大地限制了配色的丰富性。一个空间中的色调一般不少于三种，才能够组成自然、丰富的层次感。每种色调都有其独特的情感表达，将它们结合起来就能够传达出想要营造的情感印象。

▲卧室使用了蓝色和红色对比型配色，搭配开放型色调组合，虽然色相数量不多，但层次很丰富。

浅色调和淡色调适合大众

浅色调和淡色调属于没有太强个性的色调，适用人群很广泛，无论是年轻的两口之家，还是有老人和孩子的家庭，都可以使用浅色调和淡色调作为大面积色调，如果同时搭配一些明色调作点缀，主次更分明，整体效果更佳。

▲浅米黄色的墙面搭配白色的顶面和寝具，再组合暗色调的床，温馨而又十分整洁、干净。

使用暗色调必须控制面积

在家居空间中使用暗色调需要掌控好面积，如果空间采光好且宽敞，可以将暗色调用在墙面上，主要家具和墙面的色调差如果差距大一些，效果会更舒适。例如墙面使用一部分暗色调，寝具选择浅色调。如果空间面积较小，暗色调更建议用在地面或者辅助色上。

▲墙面使用暗蓝色的壁纸，搭配亮度最高的白色柜子，素雅中融合了明快感。

不同色调的色彩情感

色调名称	色彩情感	色调名称	色彩情感
纯色调	鲜明、活力、醒目、热情、健康、艳丽、明晰	浓色调	高级、成熟、浓厚、充实、华丽、丰富
明色调	天真、单纯、快乐、舒适、纯净、年轻、开朗	暗色调	坚实、成熟、安稳、传统、执着、古旧、结实
浅色调	纤细、柔软、婴儿、纯真、温顺、清淡	明浊色调	成熟、朴素、优雅、高档、安静、稳重
淡色调	轻柔、浪漫、透明、简约、天真、干净	微浊色调	雅致、温和、朦胧、高雅、温柔、和蔼

色彩四角色 根据面积划分色彩的地位

一个家居空间中只存在一种色彩的情况是非常少见的，通常都会有多种色彩，它们之中有占据大面积的色彩，也有占据小面积的色彩，还有以装点色存在的色彩，不同的色彩所起到的作用是不同的。

四角色解析

根据一个空间中不同部位的色彩所占据的面积的大小和所在位置的主次，可以将它们分为背景色、主角色、配角色和点缀色。其中背景色面积最大；主角色占据主要位置；配角色烘托重点色；点缀色活跃整体氛围。而所有的色彩角色都不仅仅限于一种色彩，如图中的背景色就包含了白色、灰色和棕色三种。

为居室内不同面积的色彩进行角色的划分，有利于在进行色彩设计时帮助分清色彩的主次关系。家居配色可以从背景色开始，也可以从主角色开始，两者色相和色调相近就会具有内敛的装饰效果；相反，两者的色相或色调差距较大就会有一些活泼的感觉。

从背景色开始配色，背景色为米黄色塑造舒适、温馨的基调，搭配同相型主角色内敛，搭配对比型主角色则开放。

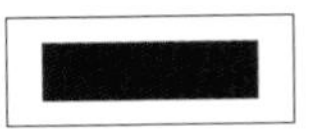

从主角色开始配色，搭配近似型背景色，搭配对比型背景色则具有活泼感。

四角色类别速查

背景色

背景色是指空间中的大面积的色彩，包括墙面、地面、天花、窗帘及大面积的隔断等，是空间中块面最大的色彩，因面积上的绝对优势起到支配整体感觉的作用。

配色要点

即使是同一组家具，改变背景色，给人的感觉也是不同的，配色时背景色应是先关注的地方。

主角色

主角色是指占据空间主要位置的家具组的颜色，面积中等，例如沙发、床等的颜色。它的色彩选择有两种方法：一是采用环境色的同相色或近似色；二是选择环境色的对比色或补色。

配色要点

家居配色虽然有两种方式，但从主角色入手，更容易获得个性的效果。

配角色

一个空间中除了主要家具外，通常还有作陪衬用的家具，它们的色彩就是配角色。配角色通常是作为主角色的衬托，与其保持一定的色相或明度、纯度的差异，使主角色更突出同时丰富整体层次。

配色要点

当背景色和主角色的色相或色调比较相近时，可以拉开配角色与主角色的差距。

点缀色

点缀色指小型的饰品例如靠枕、花瓶、灯具、植物、艺术品等的色彩。若一个空间中只有大块面的色彩未免显得单调，点缀色的作用就是活跃气氛，使家居空间更有生活气息。

配色要点

为了营造生动的氛围，点缀色通常颜色都比较鲜艳，若追求平稳感也可与环境色靠近。

家居配色技巧

色彩的角色并不限于单个颜色

在同一个空间中，色彩的角色并不局限于一种颜色，如一个客厅中顶面、墙面和地面，它们的颜色常常是不同的，但它们都属于背景色。一个主角色通常也会有很多个配角色来跟随，协调好各个色彩之间的关系也是进行家居配色时需要考虑的。

◀顶面最亮，墙面居于中间，地面最暗，背景色的层级过渡平稳，塑造出了具有稳定感的大环境。

背景色中墙面色彩具主导作用

背景色中墙面色彩占据人们视线的中心位置，往往最引人注目。墙面采用柔和、舒缓的色彩，搭配白色的顶面及沉稳一些的地面色，最容易形成协调的环境色；相反的，墙面采用高纯度的色彩为主色，会使空间氛围显得浓烈、动感，很适合追求个性的年轻人。

◀米灰色墙面作为背景色，奠定了柔和高雅的大氛围。米白色的沙发拉开色调差，增添了些许动感。

主角色和配角色需与背景色相协调

当墙面选择高纯度的活跃感色彩时，本身就会非常引人注意，如果没有十足的把握，建议主角色选择柔和一些的色彩，用强弱对比加强张力。须注意的是，虽然配角色与主角色的差距大一些层次感更丰富，但此种情况下，建议靠近背景色或主角色比较容易获得协调感。

▲ 深橘红色的墙面组合蓝色的主沙发和浅蓝色的辅沙发，低调的对比具有品质感，给人深刻的印象。

调节明度对比来增加层次感

白顶、白墙是非常常见的一种家居配色方式，特别是简约风格的家居中都会这样设计。还有很多人会选择搭配浅色系的沙发，这样虽然很温馨，平和，但如果整体掌控得不好，层次感很容易单调，建议拉大主角色和背景色的明度差以增加层次感，选择明度和纯度低一些的主家具。

▲ 白顶白墙使空间看起来更宽敞，搭配一组浊色调和暗色调组合的沙发，使配色效果更丰富。

色彩的作用 用色彩调整户型缺陷

很多时候会发现，即使墙面色彩不变仅改变大件家具的颜色，例如将暖色沙发套改为冷色，空间感也会变得更宽敞。这可以看出不同的色彩对空间能够产生不同的影响。

色彩作用解析

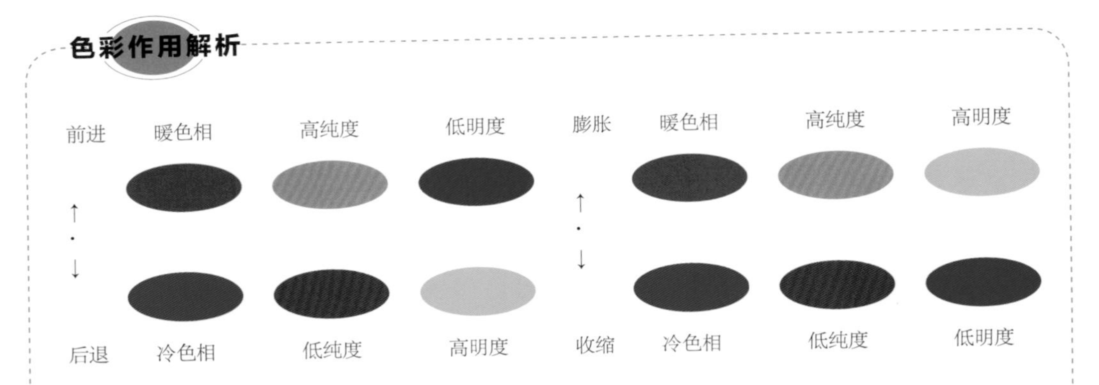

将同色调的冷色和暖色或者同色相的低明度和高明度色彩摆放在一起时，可以发现有些色彩具有收缩和后退的感觉；同时与之相反的，有些色彩具有膨胀和前进的感觉。根据它们的这些特点，可以将色彩分为前进色、后退色，膨胀色、收缩色，重色、轻色。

利用不同色彩给人视觉上的错觉，对布局不合理的户型，可以对空间的面积和高度进行调节，进而弱化居室中原有结构上的缺陷，让整体比例更舒适。

通过观察我们可以发现，有的色彩能够让空间更宽敞，有的色彩则能够让空间显得更丰满。

色彩作用类别速查

前进色

将多种颜色放在一起时可以发现，高纯度或低明度的暖色相有向前进的感觉，所以将此类色彩称为前进色。前进色适合用在让人感觉空旷的房间中，能够避免寂寥感。

配色要点

低纯度的暖色与低明度的冷色相比也有一些前进感，但并不是特别明显。

后退色

有前进感的色彩，同样还有后退感的色彩。低纯度或高明度的冷色相就具有使所用物体后退的感觉，为后退色。例如同一个房间中，墙面使用淡蓝色就比淡黄色显得更宽敞一些。

配色要点

后退色用在墙面或家具上能使居室显得宽敞一些，非常适合小面积或非常狭窄的空间。

膨胀色

膨胀色就是能够使物体的体积或面积看起来比本身要膨胀的色彩，高纯度或高明度的暖色相都属于膨胀色。在略有空旷感的家居中，使用膨胀色的家具，能够使空间看起来更充实一些。

配色要点

与前进色有类似的功效，不同的是前进色是低明度的暖色，而膨胀色为高明度的暖色。

收缩色

收缩色是指使用此类色彩后，物体体积或面积看起来比本身大小有所收缩，低纯度或低明度的冷色相属于此类色彩。使用此类色彩的家具，能让空间看起来更为宽敞。

配色要点

如果空间很窄小，墙面可以使用后退色而后搭配主家具选择收缩色，看起来会更宽敞。

轻色

与重色相反的，使人们有上升感的色彩就把它们称为轻色。相同色相的情况下，明度越高的色彩让人感觉越轻飘，相同纯度和明度的情况下，暖色系感觉轻。

配色要点

轻色用在空间配色的上部，能从视觉上令顶面向上延伸。

重色

将同色相的低明度色彩和高明度色彩摆放在一起时，可以发现低明度的有下沉感，高明度的有上升感。感觉重的色彩就把它们称为重色，相同色相的深色感觉重，相同纯度和明度的情况下，冷色系感觉重。

配色要点

使用重色的家具或者地毯，能够增加空间整体的稳定感。

家居配色技巧

小空间适合后退色和收缩色

让小面积的居室看起来更宽敞一些，可以选择后退色和收缩色，用在墙面或家具上。例如用浅色调的冷色或者白色，将四面墙壁或者主要的背景墙涂刷，而后搭配同相型或近似型的主角色，配角色或点缀色使用对比型来丰富层次，空间就能变得宽敞一些。

▲明浊色调的蓝色墙面，搭配灰色的主沙发，使空间显得宽敞、高雅又理性。

利用膨胀色或前进色缩短距离感

在狭窄的空间里，例如一些特别狭长的过道中，可以将膨胀色或前进色，用在尽头的墙面上，就能够从视觉上缩短距离感。当客厅面积较大且狭长的时候，在远距离的位置上使用收缩色的家具，或两侧墙面使用膨胀色，能够使空间的整体视觉使比例更协调。

▲尽头墙面采用了明度最低的黑色，利用视觉上的前进感，让整体比例更舒适。

色彩的重量 重色位置影响活跃程度

相同色相下，浅色轻而深色重；同色调的冷暖色，暖色轻而冷色重；无色系中白色最轻而黑色最重。在进行家居配色设计的时候，一味地使用轻色或重色是基本不可能出现的情况，都是将两者结合使用的，而重色所在的位置就是空间中重心的位置。

色彩重量解析

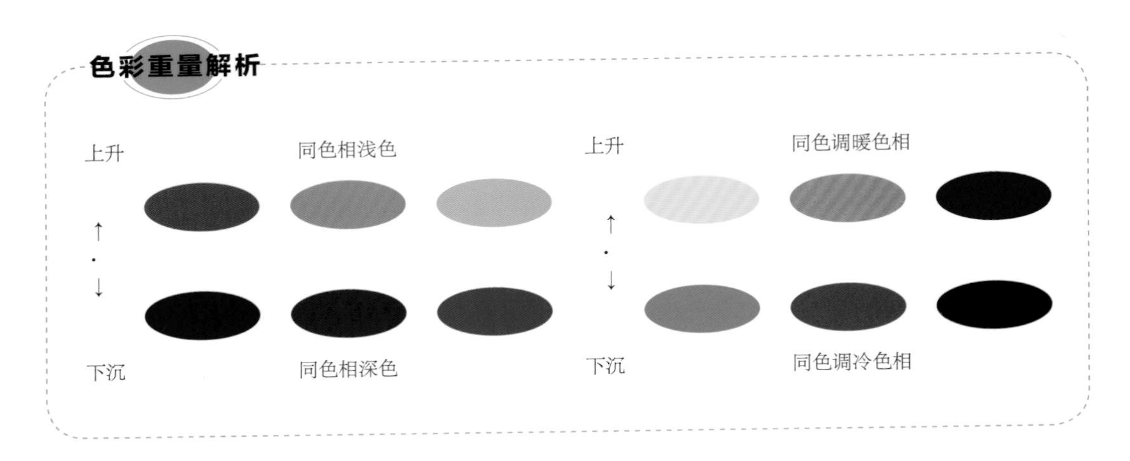

可以通过重心的调节来改变空间的整体感觉。当重色放在墙面时，能够产生下坠感而带来动感；当重色放在地面时，能够使人感觉更稳定。根据重心位置的不同，家居空间的重心布置方式可以分为高重心、中重心和低重心三种。

两个卧室对比来说，左侧的案例虽然没有使用具有活泼感的色彩，也要比右侧的案例更具动感。

重心位置类别速查

高重心

把家居配色中色调最暗的色彩放在顶面上，就是重心在上方即为高重心，采用这种配色方式，具有上重下轻的效果，能够利用重色下坠的感觉使空间产生动感。

配色要点

适合特别高的房间，能够拉低地面与地面的视觉距离感，同时增加动感。

中重心

将一个空间中，明度和纯度最低的重色放在墙面上，使重心位于中心即为中重心。这是一种比较常见的配色方式，这样做比高重心的动感要弱一些，但仍然具有一些动感。

配色要点

墙面大面积地使用重色很容易沉闷，可以选择主题墙使用重色，其余墙面使用浅色。

低重心

把一个房间中所有色彩的重色放在地面上，就是低重心。重色可以用在地面上也可以用在家具上，当重心在下方时，呈现上轻下重的效果，使人感觉稳定、平和。

配色要点

如果家里有老人，很适合用这种设计方式，能增加心理的安全感，有脚踏实地的感觉。

家居配色技巧

具有动感的配色方式

在实际运用当中，除了年轻人，采用多种色彩布置家居的人并不多。在色彩数量较少的情况下，想要塑造出带有动感的氛围就可以调节重心位置，墙面采用深色是简单有效的做法，这里的深色是相对而言的，空间中明度最低即可。若居室面积不大或想要突出墙面的主次，可以选择主要墙面使用重色。

▲明度最低的色彩放在墙面上，使卧室在柔和、温馨的气氛中带有一些动感。

为古典风格增加动感

当选择深色为代表色的古典类装饰风格时，给人的感觉都是比较严肃的，如新古典风格、中式风格等。此时就可以将空间的重心位置放在墙面上，来为居室增加一点动感，既不破坏肃穆的感觉又可以避免过于沉闷，如果面积足够宽敞可以大量在墙面使用重色。

▲明度最低的色彩放在墙面上，使卧室在柔和、温馨的气氛中带有一些动感。

深色家具＋深色地面最稳健

若想要增加一个空间中的稳定感，可以采用深色家具搭配深色地面的配色方式，两者之间的明度或色相稍有对比性会显得更具层次感。这样做如果同时采用浅色顶面，还能够通过轻重对比从视觉上拉高房间的高度。

▲顶面和墙面均采用白色，家具和地面都采用暗色，具有稳定感。

递进的色彩明度能够拉伸房高

对于高度特别矮的空间，可以利用不同色彩轻重的不同来从视觉上得到缓解。将浅色放在天花板上、深色放在地面上，中间使用两者之间的色调或者与顶面相同的色彩，使色彩的轻重从上而下，层次分明，用提升和下坠的对比，也会从视觉上产生延伸的效果，使房间的高度得以提升。

▲顶面使用亮度最高的白色，沙发使用深蓝色，中间墙面用淡蓝色，逐渐加深的色彩明度拉高了室内的房高。

用图案淡化沉重感

当将重心放在中间的位置时，如果空间面积不大，平面式的重色可能会让人感觉沉重或压抑。为避免此问题，可以选择带有图案的材料来呈现，例如深浅花纹结合的壁纸、壁布，带有自然纹路的木材等。本身带有纹理变化但又没有凌乱感的材料比纯色的墙漆等层次更丰富，可以转化人们的视觉焦点，即使是棕色等深色也不会显得沉闷。

▲ 带有白色纹理的棕色壁纸，为上下都是浅色的卧室带来了动感，虽然墙面是深色，但丰富的纹理变化并不会让人感觉沉闷。

第二章
配色与家居风格

不同的风格有不同的色彩搭配方式
然而除了色彩风格还有造型等其他代表元素
所以一种色彩就可能会对应很多种风格
可以根据喜欢的色彩来选择风格
也可根据所喜欢的风格特点来选择色彩
了解家居风格的色彩搭配特点
有利于更好地协调配色与风格之间的关系

- □ 简约风格
- □ 前卫风格
- □ 北欧风格
- □ 田园风格
- □ 现代美式风格
- □ 东南亚风格
- □ 新古典风格
- □ 新中式风格
- □ 地中海风格
- □ 法式风格

简约风格 简洁、利落而有品位

简约风格特点是简洁明快、实用大方，讲求功能至上，形式服从功能。以简约为诉求，舍弃不必要的装饰，讲求“少即是多”的设计理念，所以此风格家居的色彩设计也遵循简练、有效的原则。

风格配色解析

简约风格家居的色彩主调离不开黑、白、灰三色，或纯粹为此三种色彩中的两种或三种进行组合，或将其作为基调，而后搭配纯度较高的色彩进行点缀。具体设计时，可以根据居室的面积及采光决定黑、白、灰的组合形式及使用面积，如果面积小不建议将黑色大面积用在墙面上。

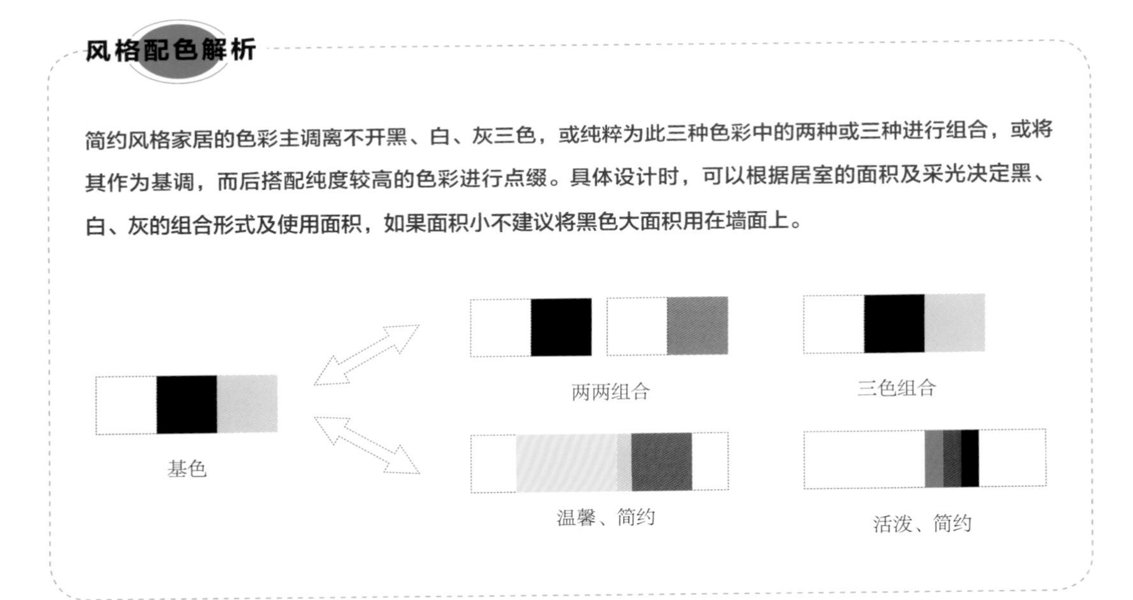

基色的使用技巧

①**白色：**简约风格中的白色最为常见，白顶、白墙清净又可与任何色彩的软装搭配。如塑造温馨、柔和感可搭配米色、咖啡色等暖色；塑造活泼感需要强烈的对比，可搭配艳丽的纯色，红色、黄色、橙色等；塑造清新、纯真的氛围，可搭配明亮的浅色。

②**黑色：**具有神秘感，大面积使用感觉阴郁、冷漠，可以以单面墙或者主要家具来呈现。

③**灰色：**明度高的灰色具有时尚感，如浅灰、银灰，用作大面积背景色及主角色均可；明度低的灰色可以以单面墙、地面或家具来展现。总的来说，明度高的灰色比较容易搭配。

黑、白、灰是简约风格不可缺少的色彩，是其他配色演变的基础。

简约风格配色类别速查

白色 + 黑色

黑、白两色组合的简约风格家居配色，具有明快而又简约的氛围，是最为经典的配色方式之一。此种配色方式将白色作为主色，使用黑色作为跳色，是最常见的手法，同时还能够起到扩大空间感的作用。

配色要点

黑色大面积使用感觉阴郁、冷漠，可以以单面墙或者主要家具来呈现。

白色 + 灰色

明度高的灰色具有时尚感，与白色搭配时，作背景色或主角色均可，明度低的灰色可以以单面墙、地面或家具的方式来展现。总的来说，明度高的灰色适用范围较广，比较容易搭配。

配色要点

灰色系为主的软装配色具有浓郁的都市氛围，与白色搭配给人素雅、干练的感觉。

黑白灰组合

无色系内的黑、白、灰三色组合，是最为经典的简约配色方式，效果时尚、朴素。以白色为主，搭配灰色和少量黑色的配色方式，是最适合大众的简约配色方式，且对空间没有面积的限制。

配色要点

虽然都是黑白灰组合，但用作背景色的色彩不同，整体效果还是会有一些差别的。

无色系＋暖色

用黑、白、灰三种颜色中的一种或两种，组合红色、橙色、黄色等高纯度暖色，能够塑造出靓丽、活泼的氛围；组合低纯度的暖色，则具有温暖、厚重的感觉。

无色系组合

黑、白、灰两种或三种组合作为主要色彩，而后点缀一些金色或银色，就是无色系组合的简约风格配色方式。银色更低调、现代，所以使用银色的情况比较多，主要是用金属材质呈现的。

配色要点

用暖色作点缀色时，可以将其与背景色拉开一些距离，使装饰效果更突出。

配色要点

银色属于带有变换感的灰色系，所以与灰色放在靠近的位置时，可以形成质感的对比。

无色系＋冷色

无色系中的黑、白、灰，搭配蓝色、蓝紫色、青色等冷色相，能够塑造出清新、素雅、爽朗的氛围。根据所搭配冷色色调的不同，给人的感觉也会有一些微弱的变化。

配色要点

无色系与冷色组合的配色方式，冷色的色调会对整体氛围产生影响。

无色系 + 对比色

对比色在无色系的大环境下，具有极强的活跃性及张力，能够第一时间吸引人的视线。最具活跃感的是以白色作背景色，其次是灰色，若放在黑色家具上活泼的氛围下还具有一丝高档感。

配色要点

即使是同一组对比色点缀，黑、白、灰主次位置的不同，也会让居室氛围有变化。

无色系 + 中性色

总的来说不同色调的绿色都有自然感，紫色有典雅、高贵的感觉。用无色系中的不同色彩与中性色组合，使用环境色和重点色的不同，氛围也会有不同的变化。

配色要点

紫色与灰色和黑色组合比较有个性，绿色与灰色和黑色组合可以被多数人接受。

无色系 + 多彩色

无色系占据主要位置，如作背景色或主角色的情况下，搭配多种彩色，是层次感最为丰富、氛围最为活跃的简约风格配色方式，想要聚焦视线，可以使用 1~2 种纯色调的色彩。

配色要点

塑造具有显著性别特征的简约居室时，可以将淡色或浅色的彩色作为背景色，无色系作主角色。

家居配色技巧

用图案丰富层次感

觉得平面的黑、白、灰有些单调时，可以大胆地使用一些图案来丰富层次感。例如将黑色和白色的墙漆涂刷成条纹的形状，再搭配少量的高彩度色彩作点缀，仍然是无色系为主角，但却个性许多；或者选择带有简约特点的地毯或布艺等，即使不采用彩色，只有黑白灰，加上一些图案也会显得很丰富。

◀三角形图案黑白为主的靠枕，与墙面三角形壁纸呼应，虽然使用的是黑色的沙发，却并不感觉沉闷、单调。

具有轻快感的简约配色技巧

具有轻快感的配色能使人感觉惬意、轻松，这样的配色在无色系为代表色的简约风格中更容易实现。例如选择橙色的地毯或黄白印花的窗帘或床品，沙发用黑、白、灰的任意一种，再搭配一些绿色植物；或者选择对比色的沙发，白顶、白墙灰色地面和窗帘，黑色少量使用。

◀白顶、白墙搭配灰色地面，在这样素净的大环境下，蓝色与粉红色的组合就显得特别轻快、活泼。

配色窍门 造型是区别于其他类似配色风格的关键

简约风格的造型设计强调功能性，线条多为简约流畅。材质上，大量使用钢化玻璃、不锈钢等新型材料作为辅材，给人带来简洁、不受拘束的感觉，加强简约风格居室的自由感。

由于线条简单、装饰元素少，简约风格家具需要完美的软装配合，才能显示出美感。例如沙发需要靠垫，餐桌需要餐桌布，床需要窗帘和床单陪衬，软装到位是简约风格家具装饰的关键。

多用米色和咖啡色具有温馨感

虽然有的人喜欢个性，但对于大多数家庭来说满足每个家庭成员的审美观，具温馨氛围的简约风格配色方式会更受欢迎。想要具有此种氛围，可以多使用白色搭配米黄色、米色、咖啡色等以黄色为基色变化的暖色，例如原木色的餐桌椅或地板，不论是搭配白墙还是浅灰色墙面都具有温馨感。

▲ 以白色为主的空间中，搭配原木色的地板和咖啡色的沙发，简约而温馨。

白色的巧妙运用

简约风格中的白色最为常见，基本上不论是何种配色方式都离不开白色，白顶、白墙的设计是容纳力最强的背景色，清净又可与任何色彩的软装搭配。如塑造温馨、柔和感可搭配米色、咖啡色等暖色；塑造活泼感需要强烈的对比，可搭配艳丽的纯色如红色、黄色、橙色等；塑造清新、纯真的氛围，可搭配明亮的浅色。

▲ 白色的顶面和墙面塑造出简约、整洁的整体氛围，原木色隔断和餐桌椅的加入增添了温馨感。

前卫风格 大胆鲜明，对比强烈

前卫风格依靠新材料、新技术加上光与影的无穷变化，追求无常规的空间解构，大胆鲜明对比强烈的色彩布置，以及刚柔并举的选材搭配。其代表特点是简洁明快、实用大方，夸张、个性只是其中的部分，重要的是要注意色彩对比，注重材料类别和质地。

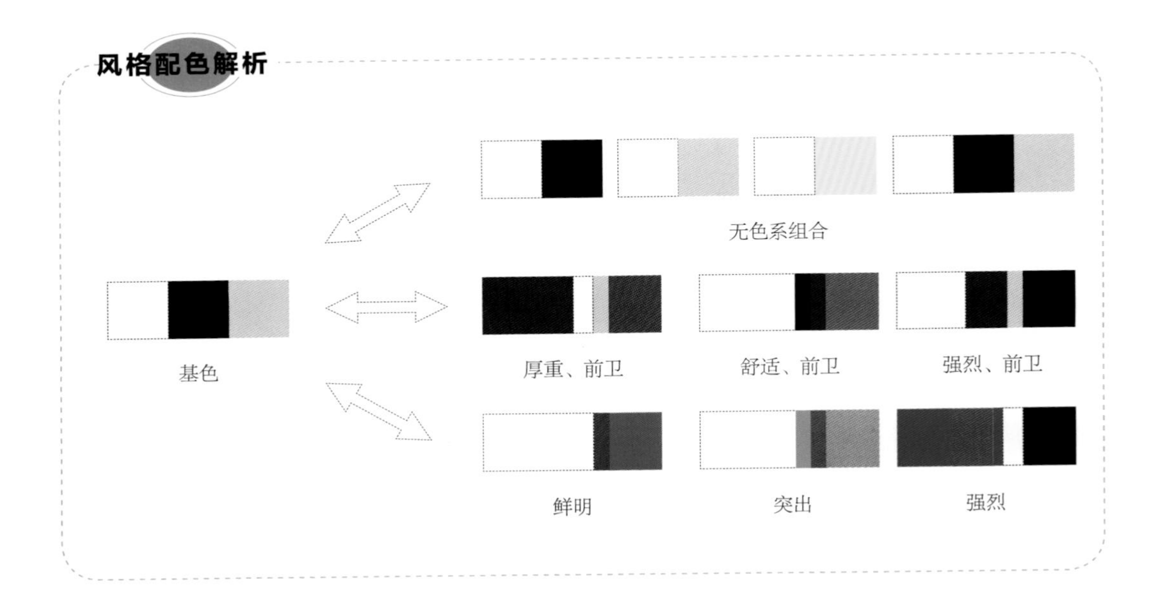

前卫风格配色类型

①**无色系组合：**黑、白、灰为主色，三种色彩至少出现两种。其中白色最能表现简洁感，黑色、银色、灰色能展现明快与冷调。

②**棕色系：**浅茶色、棕色、象牙色等为主色，表现具有厚重感的前卫性。喜欢厚重感，可用不同明度的棕色系组合，无色系作点缀。

③**基色 + 强对比：**以上面两种组合方式为基色，搭配高纯度对比色或多色，此种方式能够形成大胆鲜明、强烈对比的效果，创造出特立独行的个人风格。若为大面积居室，对比色中一种可作为背景色，另一种作为主角色；若为小面积居室，对比色可作配角色或点缀色使用。

前卫风格的大胆不仅体现在用色上，还体现在色彩与造型的结合上。

前卫风格配色类别速查

白色 + 黑色

白色与黑色组合作为前卫风格的主要配色，具有经典、时尚的效果，兼具前卫感和时尚感。纯粹的黑白组合非常个性，以白色作背景色，黑色用在主要家具上适合小空间，而黑色用在墙面适合采光好的房间。

配色要点

黑色用在墙面上如果是纯色容易显得压抑，可以选择带有纹理的材料。

白色 + 金属色

以白色为主色，甚至是白顶、白墙、白色地面，而在重点部位例如电视墙或沙发墙使用银色、浅金色或古铜色等，有科技感和未来感，前卫而个性。

配色要点

此种配色方式，用于造型简洁的家具上就显大众化一些，若用于组合解构式的家具则个性感更强。

白色 + 灰色

白色与灰色组合作居室色彩，以白色为主灰色为辅，或者颠倒过来均可，基本上不使用其他色彩，兼具整洁感和都市感，雅致而细腻。为了避免单调，可以搭配一些前卫感的造型。

配色要点

属于非常具有个性的配色方式，干净、利落，适合年轻的单身人群。

黑、白、灰组合

黑、白、灰三色组合基本不加入任何其他色彩，或地面使用大地色。因为使用了最明亮的白色、最暗的黑色和位于中间的灰色，所以比前面两种配色层次更丰富。

配色要点

此种色彩组合方式简约风格也会用到，两者的区别方式主要依靠家具和墙面的造型。

无色系组合

以黑、白、灰中的两种或三种色彩组合为基础，加入金色或银色做无色系内部组合，效果与黑、白、灰组合类似。加入银色增添科技感，加入金色增添低调的奢华感。

配色要点

金色运用在空间中可以更加凸显前卫、奢华的感觉，在材质上可以选择金属、金箔壁纸等。

无色系 + 高纯度彩色

以无色系的黑、白、灰为基调，搭配高纯度或接近纯色的色彩，作为主角色、配角色或者点缀色，能够塑造出夸张又个性的感觉，组合的色彩色相不同，整体氛围会随之而变化。

配色要点

使用的彩色以白色做背景，产生的色调对比效果最刺激。若使用灰色或黑色则更具高级感。

棕色 + 其他彩色

用棕色放在主要位置表现前卫感，特别是使用暗色调的棕色时，少量地点缀一些高明度或高纯度的彩色，可以减轻一些厚重感，采用对比色的搭配是最具前卫感的搭配方式。

配色要点

此种配色方式里面的棕色，使用纯色调或低明度色调，更能表现出前卫感。

对比色

具有强烈冲击力的对比，是前卫风格家居的代表型配色方式。用浓色调的对比色进行组合更具有前卫风格的特征，具有力度感但刺激感不强，如果加入白色物品或墙面会更明快。

配色要点

前卫风格就是展现个性的风格，使用对比色的时候墙面也可以使用具有舒适感的深色作衬托。

棕色系 + 黑、白、灰

棕色系包括茶色、棕色、象牙色、咖啡色等，都属于大地色系，棕色系与无色系组合的前卫家居配色具有厚重而时尚的基调，而厚重感的多或少取决于棕色系色调的深浅。

配色要点

用棕色系搭配白色是前卫风格配色中最温馨的一种，特别是选择象牙色或浅茶色的时候。

家居配色技巧

结合居住者的喜好选择主色

若居住者追求冷酷和个性，可将白色和黑色结合作为主色灰色作点缀。根据居室的面积，选择黑色或白色中的一种作背景色，另外两种搭配使用。追求舒适及个性共存的氛围，可搭配一些大地色系的颜色或具有色彩偏向的灰色，如黄灰色、褐色、土黄色等，但面积不能过大。

◀纯净的黑、白、灰组合，配以蓝色的冷光和圆弧造型，既个性又“酷”。

喜欢彩色可使用对比色

喜欢华丽、另类的活泼感，可采用强烈的对比色，如红绿、蓝黄等配色，且让这些色彩出现在主要部位，如墙面、大型家具上；喜欢平和中带有刺激感的效果，可以以黑、白、灰作基色，以艳丽的纯色作点缀，同样可以塑造出前卫的效果；喜欢科技感和时尚感，还可在前面的两种配色中加入银色。

◀大胆地采用红、绿撞色，再搭配灰镜及黑、白、金配色的家具，奢华、夸张但不庸俗。

配色窍门 个性色彩搭配新奇的材料

前卫风格不仅配色个性，通常还会搭配一些新奇的材料。此类家居中都有一件或几件家具是使用非常规材料制作的，同时还会搭配个性色彩来强化前卫感。在选材上不再局限于石材、木材、面砖等天然常规材料，而是将选择范围扩大到金属、涂料、玻璃、塑料以及合成材料等，并且夸张材料之间的结构关系，甚至将空调管道、结构构件都暴露出来，力求表现完全区别于传统风格的高度技术的家居氛围。

配色夸张的程度应适应居住氛围

前卫家居风格无常规的空间解构，大胆鲜明对比强烈的色彩布置，以及刚柔并济的选材搭配，都可以让人在冷峻中寻求到一种超现实的平衡，非常适合追求个性的年轻人。而选择这种方式装饰家居环境时，主要注意夸张度的控制，风格是为功能服务的，色彩组合方式应以适合居住者的生活方式和行为习惯为主导，不宜华而不实或为了夸张而夸张。

▲ 墙面部分色彩虽然丰富，但是统一在蓝色下，其他亮色均以小色块体现，夸张但并不令人感觉难以接受。

造型是表现前卫的一个重要元素

前卫风格除了具有个性的配色外，另一个显著特点是造型新颖、奇特、夸张，在保证基本功能的基础上，体现出居家主人的个性追求。平面构成经常采用扭曲、变形、夸张等手法，突破以往惯有的横平竖直的室内空间造型，将抽象图案与曲面、直线和波形曲线相结合，将色彩与造型结合，才能营造独特的效果。

▲ 配色制造出明快感，线条和立体结合的造型进一步强化了前卫感。

北欧风格 不用纹样和图案只用色块

北欧风格，是指欧洲北部国家挪威、丹麦、瑞典、芬兰及冰岛等国的室内设计风格。北欧风格从广义分类上来讲，属于简约的一种，由于没有复杂的造型，家具款式简洁而有特色，所以非常适合中小户型，很受年轻人的喜爱。

风格配色解析

纯正的北欧风格家居内，是完全不用纹样和图案装饰的，只用线条、色块来区分界面。配色以无色系的黑、白、灰为基调。

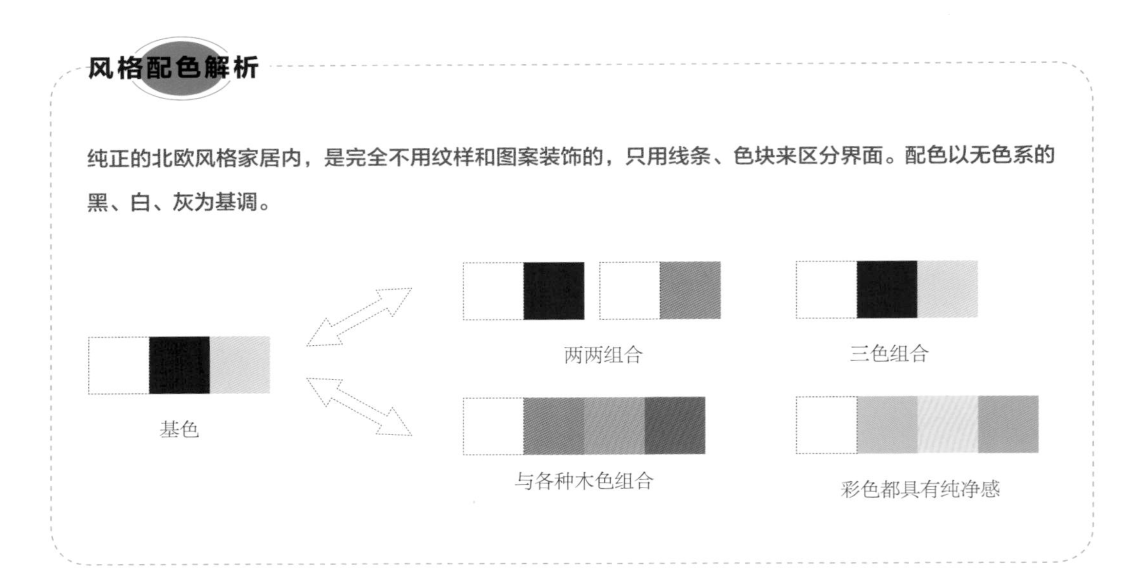

基色的使用技巧

①**色彩纯净：**北欧风格居室内的色彩非常朴素，主色常见为白色、黑色、灰色和浅木色，除此之外具有柔和感和纯净感的浅蓝色、果绿色、柔粉色、米色等也常大面积使用。

②**很少使用纯色：**其中独有特色的就是黑、白色的使用，常以这两色为主，或将其作为重要的点缀色使用，给人干净明了的感觉。除了黑色和白色的组合具有高色调差外，其余的色彩过渡均比较柔和，即使是彩色，大面积地使用时也多为浊色调或淡浊色调，纯色非常少见，即使出现，也是作为点缀色。

白色、灰色以及木色的使用，能够表现出北欧风格纯净、朴素的特点。

北欧风格配色类别速查

白色 + 黑色

白色搭配黑色能够将北欧风格极简的特点发挥到极致。通常是以白色做大面积布置，黑色作点缀，若觉得单调或对比过强，可以加入木质家具或地板作调节。

配色要点

北欧风格中黑白组合与简约和前卫风格的区别，主要体现在家具以及墙面造型上。

白色 + 灰色

与白色搭配黑色相比，白色与灰色的组合，体现北欧特点时仍然具有简约感，但对比感有所减弱，灰色具有不同明度的变化，要更细腻、柔和一些，整体呈现素雅感。

配色要点

与白色搭配，灰色的明度越高效果越柔和，明度越低效果越明快一些。

黑、白、灰组合

白色、灰色、黑色组合，三种色彩实现了明度的递减，层次较前两种配色方式更丰富。这是最能体现北欧极简主义的一种配色方式，大部分情况下是以白色为主色，灰色辅助，黑色作点缀。

配色要点

北欧风格体现一种纯净感，所以黑白灰组合中，灰色和黑色多用在家具上，墙面为白色。

棕色

棕色系在北欧风格中，通常与白色或灰色穿插搭配，偶尔加入带有黑色花纹的饰品，朴素而又具有一丝温暖的感觉，属于北欧风格里最具厚重感的配色方式。

配色要点

棕色多依托于木质材料或者布艺材料展现出来，搭配质朴的造型很有亲切感。

蓝色或青色

在黑、白、灰的基调下，有的时候会觉得有些单调，就会加入一些彩色进行调节，蓝色或青色属于冷色系中较为常用的两种，通常会做软装主色或点缀色，能够塑造出具有清新感和柔和感的氛围。

配色要点

北欧风格中的蓝色很少会选择具有锐利感的色调，多为淡色、浅色、淡浊色或明浊色。

浅木色

木类材料是北欧风格的灵魂，淡淡的原木色最常以木质家具或者家具边框呈现出来。浅木色组合大面积白色或灰色，是非常具有北欧风格特点的一种配色搭配方式。

配色要点

北欧风格中的浅木色家具多具有朴拙的外形，裸露木纹纹理。

绿色

北欧风格中使用的绿色多为柔和的色调，例如果绿、薄荷绿、草绿等，与白色搭配或与原木色、棕色搭配，具有舒畅感。绿色也常依托于木材料涂装绿漆的形式表现出来。

配色要点

绿色的柔和感不仅体现在色调上，选材上也多采用具有亚光质感的材料。

黄色

在黑、白、灰的素色世界里，增添一点明亮的黄色，犹如射进了一束阳光。黄色是北欧风格中可以适当使用的最明亮的暖色，与白色或灰色搭配最适宜，可以用在抱枕上，也可以用在座椅上。

配色要点

北欧风格中的黄色纯度较高，多通过木质材料或布艺表现，基本不会用作背景色。

其他彩色

还有一些彩色会出现在以黑、白、灰为基调的北欧家居中，包括红色、粉色、橙色、紫红色等。但这些色彩均作为点缀色存在，数量非常少，甚至只有一个靠枕；且少使用纯色，多为柔和的色调。

配色要点

使用这些彩色时，可以搭配一些图案，带有白色的图案是比较能够烘托风格特点的。

家居配色技巧

木料是北欧风格的灵魂

北欧风格使用的材料多为自然类材料，如木、藤、柔软质朴的纱麻布品等。各种木质材料本身所具有的柔和色彩，展现出一种朴素、清新的原始之美，代表着独特的北欧风格。窗帘地毯等软装搭配上，偏好棉麻等天然质地，所以即使是彩色，也具有非常柔和的观感。

▲木质地板、木质收纳柜以及灰色的麻质寝具，都属于自然类材料，舒适、朴素，展现北欧风格的美感。

家具款式是让色彩具有北欧特点的关键

精练简洁、线条明快、造型紧凑、实用和接近自然是北欧风格的特点。除了在配色上，北欧风格喜欢用极简的无色系来大面积渲染空间，在家具的造型上，北欧风格也擅用简洁的直线条和流畅的弧线，完全没有欧式风格繁复的雕花设计。除了沙发外的家具尽量选择那些可拆装折叠、可随意组合的款式，最好是木质品，具代表性的就是宜家产品。

▲简单、整洁的木质餐桌，老式的棕色木椅与白色铁椅组合，再加入一块浅灰色的地毯，具有浓郁的北欧风格特征。

白色是北欧风格的代表色

北欧风格中，最常见以白色为主调，使用其他代表色彩或者鲜艳的纯色作为点缀。纯色使用很少，多使用中性色进行柔和过渡，即使用黑、白、灰搭配营造强烈效果，也总有稳定空间的元素打破它的视觉冲击力，比如用素色家具或中性色软装来压制。

▲白色墙面与黑色餐椅形成了鲜明的对比，原木餐桌的加入缓和了这种冲击力，增添了柔和感。

加入少量图案注入一些新元素

纯正的北欧风格墙面上是不采用任何造型和花纹的，所用色彩也多为柔和、朴素的类型。而现在很多人都会追求个性家居，在不改变整体设计理念的情况下，小的软装可以适当地加入一些素雅的纹理，例如靠枕使用一些波纹或条纹图案的款式等，更适合现代居室。

▲黑、白、灰结合的条纹图案靠枕，为北欧风格注入了一点新鲜的元素。

配色窍门 · 色彩还需家具配合

北欧风格除了墙面没有造型以及配色柔和、纯净外，很大程度还体现在家具的设计上，注重功能，简化设计，线条简练，多用明快的中性色，完全不使用雕花、纹饰，简洁、直接、功能化且贴近自然，具有很浓的后现代主义特色，代表了一种时尚。除自然材料外，有的时候还可再加入一点其他材质，如铁艺，但材料需要保留原始质感，且多为黑色。

田园风格 自然、舒畅的配色方式

一切以田地和园圃特有的自然特征为形式手段，给人亲切、悠闲、朴实感觉的家居都可以称之为田园风格，其设计的核心是回归自然。其主要色彩均是大自然中最常见的色彩，而黑色、灰色等都市气息浓郁的色彩使用面积不宜过大。

风格配色解析

田园风格在色彩方面最主要的特征就是舒适感，配色多以暖色为主，墙面以浅色为主，不宜太鲜艳，米色、浅灰绿、浅黄色、嫩粉、天蓝、浅紫等能让室内透出自然放松气息的色彩均可；点缀的纯色可选择黄、绿、粉、蓝等。

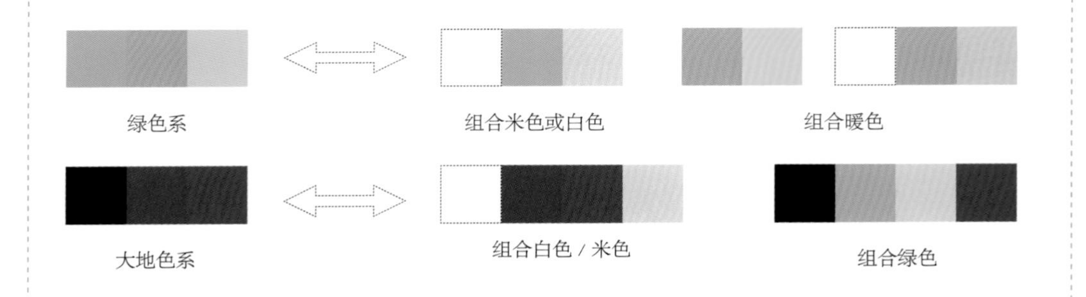

田园风格配色类型

①绿色为主：比较经典的田园配色，作为背景色或主角色，搭配黄色等暖色，具有温暖、活泼感；搭配大地色具有亲切感；搭配白色或蓝色具有清爽感，搭配粉色、紫色具有梦幻感。

②大地色为主：将大地色作为主角色或地面背景色的田园配色方式，搭配白、黄色系或者蓝色系，能够增加舒适感，避免沉闷。

绿色和大地色组合，是最具田园韵味的配色方式，具有代表性。

田园风格配色类别速查

绿色 + 白色

绿色是最具代表性的田园配色，作背景色或主角色均可，搭配白色或具有清新的感觉。这种配色若大面积使用白色，而绿色用在重点部位，则非常适合用在小户型中。

配色要点

可以使用一些白色和绿色结合的材料，使两者结合得更自然，例如条纹或小花壁纸等。

绿色 + 米色 + 大地色

米色与绿色的搭配也是比较常见的田园配色手法，比起绿白搭配这种配色更柔和一些，色调对比没有那么强烈。米色用在主角色部位较多，地面或部分家具会出现大地色，顶面多为白色。

配色要点

米色与绿色靠近位置使用的时候，中间加入少量白色能够使层次更丰富。

绿色 + 红色

绿色与红色的田园配色方式源自于自然界中植物叶与花的颜色，红色出现的最佳方式是以花卉或者带有花朵图案的壁纸。这样虽然两色是对比色，但却不会觉得刺激。

配色要点

两者属于对比色，自然界中的绿色和红色组合时都很柔和，所以建议避免使用纯色。

绿色 + 粉色

绿色组合粉色比起组合红色，刺激感要小很多。粉色宜使用淡雅的色调，例如淡浊色调或浊色调，这能够为田园风格增添一丝甜美的感觉。若组合中同时加入白色，则更具纯洁感，是韩式田园的代表配色方式。

配色要点

两者组合时，可以多使用一些带有田园特点的图案，例如条纹、格子、花朵等。

绿色 + 近似色

最常用的是绿色与黄色的组合，这种配色方式能够给人以开朗、乐观的感觉。黄色多为介于明黄色和橙色之间的色相，比较柔和。蓝色和绿色的组合具有清新感，蓝色使用的面积不宜太大。

配色要点

近似色的组合很内敛，可以加入一些带有红色或粉色的靠枕或鲜花调节氛围。

绿色 + 大地色

此种配色组合形式源自于土地与绿树、绿草等自然界的景象，因此大地色搭配绿色具有浓郁的大自然韵味。两个色相在组合时，可以从色调上拉开一些距离，以增加层次感。

配色要点

可以用绿色或大地色的近似色加入进来作点缀色，以使视觉效果更丰富。

大地色 + 白色 / 米色

此种色彩组合方式是不改变大地色系素雅、亲切的色彩印象，同时又能增添一些明快感或柔和感的田园风格配色方式。白色或米色可以用在墙面上，搭配大地色系的家具就非常舒适。

配色要点

白色用在顶面和墙面上，家具选择米色，地面使用大地色，是最具稳定感的组合方式。

大地色 + 绿色 + 黄色

黄色和绿色组合犹如阳光和草地，再加入大地色就是土地的颜色，所以这种田园风格的配色方式非常具有悠闲的感觉。黄色和绿色多靠近位置出现，大地色多用在家具或地面上。

配色要点

比起乳胶漆等材料的平面式呈现方式，采用木纹、布艺呈现这种色彩组合效果会更舒适。

大地色 + 蓝色

大地色搭配蓝色的色彩组合方式多见于英式田园风格中，这两种颜色搭配能够为厚重的大地色融合一丝清爽感，同时具有绅士感。蓝色建议采用浊色调，且面积不宜过大。

配色要点

配色还可以搭配一些绿色来丰富层次感，蓝色用于墙面时建议以花纹的形式呈现。

家居配色技巧

选择绿色时注意色调

想到自然，最具代表性的色彩就是绿叶的绿色和大地的褐色。但也不是所有的绿色都可以表现出自然韵味，淡雅的绿色系就显得浪漫而自然感少一些；偏向于冷调的深蓝绿色就显得过于暗沉。淡色调的绿色适合用在墙面再搭配一些具有柔和感的绿色，而深色调的绿色适合用来丰富层次感作点缀。

◀ 深色调的蓝绿色用作点缀色，与地面的绿色地毯形成了近似型组合，增添了一点层次感。

冷色和纯色调暖色不宜大面积使用

田园氛围表现的是一种自然的、充满生机的舒适氛围。因此，冷色可作为点缀色出现在地毯或墙面上，但不建议大面积使用，特别是暗冷色过于冷峻，没有舒适感。艳丽的色彩，如橙色、红色等，同样不宜大面积使用，可仅作点缀。

◀ 墙面使用了两幅带有淡蓝色的装饰画，为田园风格的卧室增添了一丝清新感。

配色窍门 · **用自然材质配合配色最佳**

色彩与材质的协调组合才能够塑造出具有田园特点的居室。田园风格的家居材料选择崇尚自然，比如陶、木、石、藤、竹等。在织物质地的选择上多采用棉、麻等天然制品。家具多为实木加布艺，色彩为褐色系原木或用白橡木为骨架外刷白漆，配以花草图案的软垫，舒适而不失美观。纯布艺家具的图案多以花草为主，颜色均或清雅或质朴。

使用浊色调的红色具有复古感

红色和绿色组合是田园风格中比较有个性的一种组合方式，如果红色色调选择得恰当，除了具有田园的悠闲感外，还会有一些复古的感觉，不使用纯色调和淡色调，选择略加了一些黑色调和的红色，例如砖红色、枣红色等，再搭配柔和一些的绿色，加入一些原木家具，就非常具有意境。

▲ 红色和绿色格子的布艺沙发，搭配绿色和棕色的木质家具，为田园风格居室注入了一丝复古感。

绿色植物是不可缺少的点缀色

田园风格的居室还要通过绿化把居住空间变为“绿色空间”，如结合家具陈设等布置绿化，或者作重点装饰与边角装饰，还可沿窗布置，使植物融于居室，作为点缀色与其他部分的色彩结合，强化自然风格的特征，创造出自然、简朴的氛围。

▲ 绿色植物穿插于居室中，与藤椅和花朵图案的壁纸组合，具有悠闲的田园感。

现代美式风格 比美式乡村风格更年轻化

现代美式风格无论是造型还是配色，相对于美式乡村风格都更简约、更加丰富、更年轻化。布艺多使用低彩度棉麻，家具沙发布艺居多，也有皮质的款式，线条流畅，没有过多的装饰。柜子、书桌等仍然是以木料为主，主要有两种形式，一是具有乡村特点的原木色，另一是原木经过刷漆处理，漆的颜色多为米色、白色或蓝色、绿色，有时还会做旧。

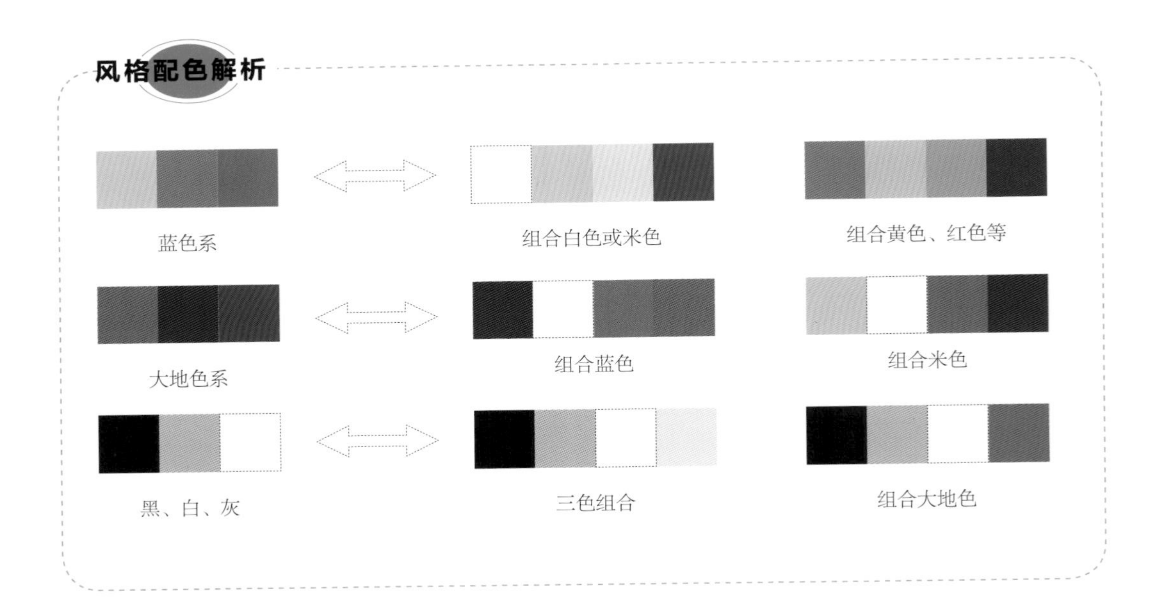

现代美式风格配色类型

①**蓝色的运用：**蓝色组合白色、米色以及黄色和红色等，塑造具有清新感的居室，带有一点地中海韵味。

②**大地色的运用：**传统风格的延续，大地色多以厚重的色调为主，但材料上有一些变化，特别是床和沙发，除了棉麻布料和木质外，皮质也是常见的。

③**黑、白、灰的运用：**结合简约风格的配色方式，三色中两色或三色组合，通常地面会搭配一些大地色系。

即使是使用大地色，现代美式风格造型以及家具的款式上都比美式乡村风格更简练。

现代美式风格配色类别速查

蓝色 + 白色

蓝色是现代美式风格中比较常见的一种代表色，与白色组合时多会穿插运用，两者结合用在墙面上或主要家具上，是最具有清新感的现代美式风格配色方式，对空间大小基本没有要求。

配色要点

蓝色作为墙面背景色时，会使用明度较高的色调，用在家具或地面上时可以使用低明度色调。

蓝色 + 米色

蓝色与米色搭配是兼具了柔和感和清新感的现代美式风格配色组合，有两种搭配形式，一是蓝色作背景色搭配米色沙发，一是米色用作背景色和主角色，蓝色作地面背景色、配角色等。

配色要点

现代美式风格的米色使用非常具有特点，很多时候墙面和家具会同时使用不同明度的米色。

蓝色 + 对比色

蓝色组合黄色、红色等对比色的配色方式，属于现代美式风格中比较具有个性的一种组合。黄色和红色基本不会使用艳丽的色调，多为浓色调或深色调，与类似色调的蓝色组合形成一种雅致的对比。

配色要点

黄色和红色基本不会大面积出现在墙面上，更多的是运用在软装饰上。

大地色 + 蓝色 + 白色

蓝色和白色用作背景色，白色顶面、蓝白穿插的墙面，搭配大地色的沙发或床等大型家具，这里的大地色通常是浓色调至暗色调的范围，体现一些源自于传统美式风格的厚重感和复古感。

配色要点

白色在这里的作用主要是调节层次感，不建议墙面出现全部白色的情况。

大地色 + 米色

源自于美式乡村风格的一种现代美式配色方式，米色用作背景色或与白色结合，大地色最常用在主要家具以及地面上。与美式乡村风格不同的是，这里的家具款式仍然厚重，但造型更简约。

配色要点

沙发、茶几等选择大地色的时候，最佳的呈现方式是用木质材料或皮质材料。

黑、白、灰

此种配色方式是具有简约感和都市感的现代美式风格配色方式，可以用白色或灰色涂刷墙面，如果空间足够宽敞黑色也可装饰部分墙面。小空间中黑色主要是用作主角色、配角色或点缀色使用的。

配色要点

灰色作墙面背景色时适合选择浅一些的色调，正统的做法是涂刷全部墙面穿插一些白色。

大地色 + 绿色

这是一种具有田园感的配色方式，用黄绿色搭配明度高一些的大地色，效果就清新一点；使用暗一些的大地色，组合色调接近的绿色，效果就厚重一点，同时还可以加入一些绿色的近似色以调节层次。

配色要点

色彩组合还可以与家具款式组合，厚重的可搭配木质家具，清新的则搭配现代一些的美式家具。

近似色

在墙面不使用白色的情况下，很多时候容易显得不够明快，可以加入一些类似色的组合来活跃氛围。由于近似色比较内敛，不会破坏原有的氛围又能够避免单调的感觉。

配色要点

蓝、绿的组合清新一些，适合素雅需求的空间，红、黄组合活跃一些，适合公共空间。

多彩色组合

最具活跃感的现代美式风格配色方式，延续美式乡村风格的经典方式，基本上不会使用纯色调的色彩，无论用什么色相型的多色组合，基本上都不会有过于刺激的感觉，活跃中具有平稳感，不会过于尖锐。

配色要点

选择带有多种彩色图案的软装饰，例如靠枕、地毯等，会使人感觉更舒适、协调。

家居配色技巧

壁炉是具有代表性的造型元素

壁炉是美式乡村风格的代表构件，这一造型同样延伸到了现代美式风格中，也是它的一个代表性元素。不同的是，现代美式风格中的壁炉更薄、线条更简化，选材上也有所区别。比起厚重的木料、砖石，更多地使用表面涂刷素色的砖或大理石等材料，颜色多为白色或浅灰色，两侧的墙没有造型或只是简单的线条造型。

▲直线条的砖料壁炉，简单的涂刷白色涂料，搭配浅灰色的美式沙发，塑造出了具有素雅感的现代美式家居。

家具延续美式乡村风格的宽大、舒适

现代美式风格中的沙发多延续美式乡村风格的宽大和舒适，同时加入了一些新的元素。材质主要有布艺和皮质两类，布艺多为低彩度浅色，皮质多为暗色或深色。餐椅等小型座椅多为木框架搭配布艺或皮料的款式；茶几、电视柜等仍然多为木质，并有做旧感。

▲无论是暗蓝色的皮质沙发，还是草绿色的丝绒休闲椅，均给人宽大而舒适的感觉。

墙面造型更简约

现代美式风格的一个显著特点体现在墙漆的涂刷形式上，很多淡雅的色彩都会选择整个空间全部涂刷的形式，有时甚至顶面也会与墙面同色，与此相对应的墙面的造型比起美式乡村风格来说就更简单，不做任何造型、简单的线条造型或半截式的简洁款护墙板都是常见的形式。

▲蓝白色搭配简洁的墙面和家具，彰显出现代美式利落、简约的一面。

蓝、白、红条纹具有代表性

蓝色、红色、白色的组合是美式乡村风格中具有代表性的一种配色方式，延续到现代美式风格中时蓝色和红色的纯度可稍作变化。最具代表性的是选择红、白、蓝三色搭配的布艺、壁纸来装点空间，再搭配简化造型的美式家具，可将现代美式风格的韵味表露无余。

▲ 蓝、白、红条纹组合的座椅搭配淡紫色的墙面，浪漫而具有现代美式特点。

东南亚风格 具有浓郁的雨林特点

东南亚地处热带地区，闷热潮湿，在家居装饰上用夸张艳丽的色彩冲破视觉的沉闷，常见红、蓝、紫、橙等神秘、跳跃的源自于大自然的色彩。色彩艳丽的布艺装饰是自然材料家具的最佳搭档，标志性的炫色系列多为深色系，在光线下会变色，沉稳中透着点贵气。深色的家具适宜搭配色彩鲜艳的装饰，例如大红、嫩黄、彩蓝；而浅色的家具则适合选择浅色或者对比色。

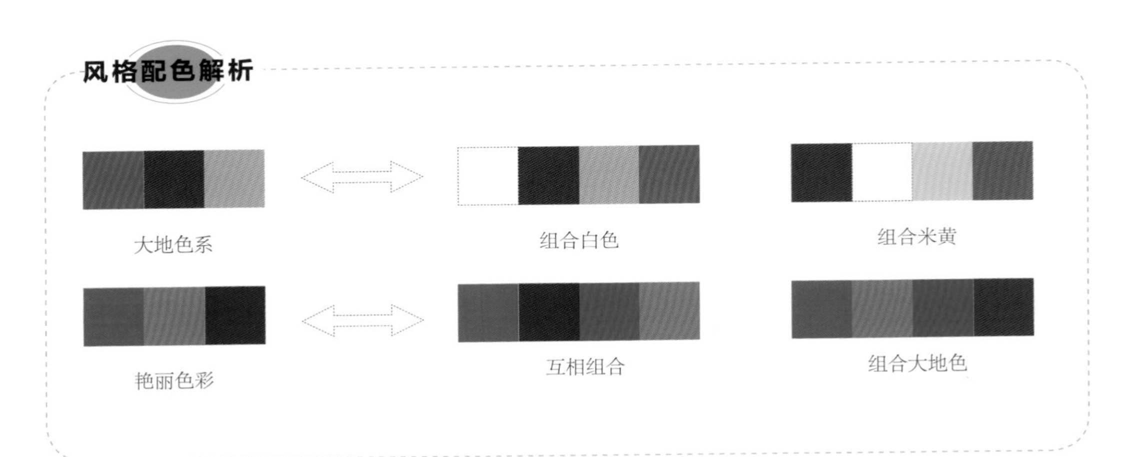

东南亚风格配色类型

①**大地色系：**将各种家具包括饰品的颜色控制在棕色或咖啡色系范围内，再用白色或米黄色全面调和。

②**艳丽的彩色：**采用艳丽的颜色作背景色或主角色，例如红色、绿色、紫色等，再搭配艳丽色泽的布艺系列，黄铜、青铜类的饰品，以及藤、木等材料的家具。

东南亚风格居室具有浓郁的雨林特点。自然类材料结合具有质朴感的色彩，最具有东南亚风格的代表性特征。

东南亚风格配色类别速查

大地色 + 白色 + 黑色

用无色系的黑色、白色作东南亚风格家居的主要色彩，搭配大地色系，再穿插一些绿色植物，是最具有素雅感的东南亚风格配色。它传达的是简单的生活方式和禅意。

配色要点

此种配色方式中黑色多以木质材料呈现，搭配白色，再以大地色做色调过渡，朴素又具有对比感。

大地色 + 米色

棕色、咖啡色、茶色等与柔和的米色组合，是具有泥土般亲切感的配色方式，淡浊色调的米色与大地色系的明度组合柔和而舒适，同时还具有一些对比感，适合多数人群。

配色要点

如果空间面积不大，适合将米色用在墙面或主要家具上，棕色用在辅助家具或地面上。

大地色系

大地色系内的色彩组合包括棕色、咖啡色、茶色等，使用棕色比较多，装饰效果比较厚重，具有稳健、亲切的感觉以及磅礴的气势，所以此种东南亚风格配色不太适合小空间或采光不佳的空间。

配色要点

棕色用在墙面上多以自然类材料展现，如木质、椰壳板等，可搭配部分白色来减轻沉闷感。

大地色 + 绿色

用绿色搭配大地色，是具有看到树木般亲切感的配色方式。东南亚风格中的此种配色当中，通常是用大地色作主色的，绿色和大地色之间的明度对比宜柔和一些。

配色要点

绿色多采用低明度的色调，以布艺、装饰画、植物等方式与大地色组合。

大地色 + 冷色

同样以大地色系作主色，冷色作配色或点缀色，冷色使用的多为浓色调。常用的为孔雀蓝、青色、宝蓝色等具有特点的蓝色，用它们来强化东南亚风格的异域风情，并增添一些清新的感觉。

配色要点

冷色最常使用泰丝材料来展现，如果用在墙面上建议使用具有变换感的壁纸。

大地色 + 紫色

以大地色为基调，搭配紫色，具有神秘而浪漫的感觉，展现一种具有神秘感的异域风情。在东南亚风格中紫色多搭配泰丝或者布艺来表现，不同角度有不同的色泽变换，也可以加入紫红色调节层次。

配色要点

紫色多用在容易替换的部位，如寝具、靠枕等，很少会用在墙面上。

大地色 + 对比色

为了缓解大地色的厚重感，可以用对比色作点缀。例如把红色、绿色的软装饰组合，用在大地色的家具上。这种方式仍然能够活跃氛围，但开放感有所减低。

配色要点

基本上不会使用纯色调的对比，多为浓色调的对比，主要通过各种布料或花艺来展现。

大地色 + 多色

以大地色作为主色，紫色、黄色、橙色、绿色、蓝色等至少三种组合，以点缀色的形式出现，是最具魅惑感和异域感的色彩搭配方式，东南亚风格的特点最显著。

配色要点

大地色外的彩色都不会占据太大的面积，最常见的还是以点缀的形式出现，色调上可以拉开差距。

配色窍门 · 大地色系可选择自然类材料

东南亚风格具有热带雨林的自然之美，不仅是配色具有此种特点，大地色系的体现多选择木材和其他的天然原材料，如藤条、竹子、石材、椰壳等。大部分家具都是采用深木色款式搭配一些布艺靠枕、坐垫，墙面局部会搭配一些金色的壁纸，布艺以丝绸质感的布料居多，摆件多见做旧处理的青铜和黄铜等。小饰品大多以纯天然的藤竹柚木为材质，纯手工制作而成，色泽纹理有着自然美感。

家居配色技巧

小户型也可采用东南亚风格

通常东南亚风格的家居大户型居多，实际上，只要做好配色，小户型一样可以使用此风格。选择白色搭配米黄色地砖，塑造宽敞而略带温馨感的基调，搭配具有风格特点的深色家具，通过界面与家具的明度对比可以增加明快感，再少量点缀彩色丰富层次即可。

▲ 客厅面积不大，以暗棕、白两色为主搭配具有泰式特点的家具，塑造朴素感的基调，同时还具有宽敞感，少量暖色点缀，增添了绚丽感。

可选自然类别的图案强化风格

壁纸、布艺属于东南亚风格中最常见的装饰材料。当空间中采用的配色较朴素时，可以选取相应的图案来增加层次感并强化风格，例如热带雨林特有的椰子树、树叶、花草等，或者带有典型东南亚特点的造型图案。

▶ 具有代表性的配色方式搭配墙面上的东南亚特点花纹，虽然整体感觉很简约，却具有显著的风格特征。

配饰选手工制作并具有做旧感的最佳

东南亚风格的一个代表性特点就是原汁原味，注重手工工艺而拒绝同质的乏味。这些很难在大面积的色彩上体现出来，所以在选择一些小的装饰时，就可以遵循这一原则。除了材料为自然类外，若带有一些手工痕迹或做旧的色彩处理，就可以展现配色设计的细节美。

▲墙面用草秆作装饰搭配竹子，较为质朴。而点缀色使用了纯度较高的蓝色和各种绿色，增添一丝活力。

米色可以弱化对比感

根据居住者年龄的不同，有的人喜欢明快的配色，有的人喜欢柔和的配色。如果是后者，可以将白色墙面与其他色彩的组合表现东南亚方式时做一点小的更改，用米色的墙面来替代白色的墙面，与其他色彩特别是暗色搭配，就会显得柔和很多。

▲ 用柔和的米色壁纸搭配红棕色的地面以及家具，虽然具有明度上的对比感，但并不直白，非常柔和。

新古典风格 色彩搭配高雅而和谐

新古典风格一方面保留了古典主义在材质、色彩上的大致风格，让人仍然可以很强烈地感受到传统的历史痕迹与浑厚的文化底蕴，同时又摒弃了古典主义复杂的肌理和装饰，简化了线条。高雅而和谐是新古典风格色彩设计给人的感觉，白色、金色、米黄、暗红是新古典主义风格中常见的色调。

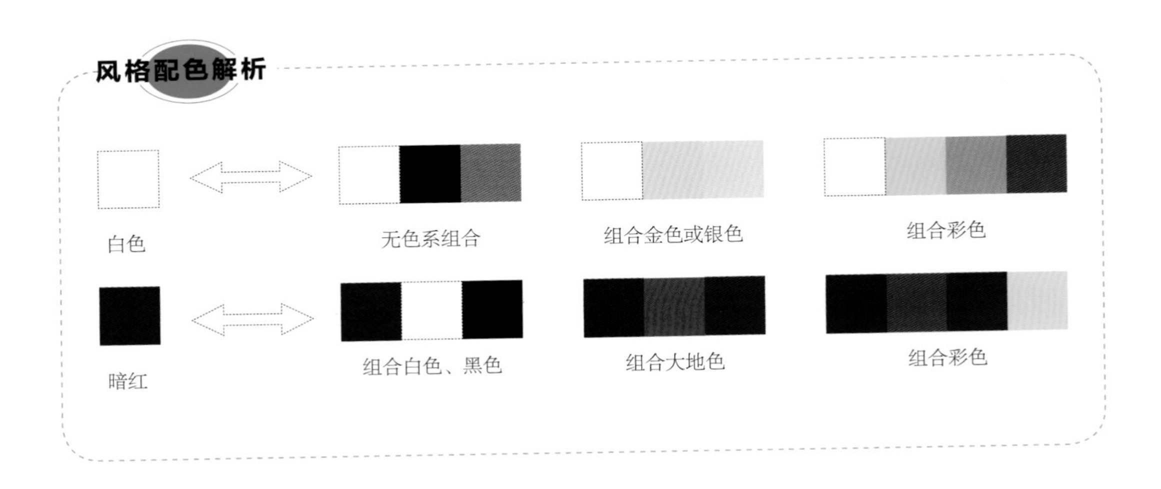

新古典风格配色类型

①**以白色为主的配色：**背景色多为白色，搭配同类色（黑色、灰色等）时尚感最强；搭配金色或银色的饰品，能够体现出时尚而又华丽的氛围；搭配米黄色及蓝色或绿色，是一种别有情调的色彩组合，具有清新自然的美感。

②**以暗红色为主的配色：**黄色、暗红色或大地色系搭配，少量地糅合白色或黑色，最接近欧式古典风格。可加入绿色植物、彩色装饰画或者金色、银色的小饰品来调节氛围。若空间不够宽阔，不建议大面积使用大地色系作墙面背景色，以免使人感觉沉闷。

黑白灰为主的新古典配色设计方式，对居室面积没有要求，适用范围非常广泛，以白色为主最显洁净和宽敞。

新古典风格配色类别速查

黑、白、灰

黑、白、灰中两种或三种组合作为空间中的主要色彩的配色方式，白色占据的面积较大，不仅用在背景色上，还会同时用在主角色上，搭配同类色，效果朴素、大气而不乏时尚感。

配色要点

此种配色是以新古典造型以及家具款式的不同，以区分于其他风格类似配色的。

大地色 + 米色 / 米黄色

以米色或米黄色搭配大地色系，给人以开放、宽容的感觉。以米色或米黄色为背景色或主角色时，能够塑造出具有柔和的明快感、亲切感的韵味；若以大地色为主色，米色或米黄色辅助，则具有厚重感和古典感。

配色要点

喜欢柔和、高雅的感觉可以使用米色；如果喜欢温馨感可以使用米黄色。

大地色 + 白色 + 黑色

通常以白色作背景色，用在顶面、墙面甚至是地面上。黑色作为点缀出现在家具边框或墙面上，而大地色多以家具、地板、地毯、靠枕等方式加入进来，整体效果朴素中具有复古感。

配色要点

这里使用的大地色通常为浓色调或暗色调，可以加入淡色调作层次调节，但很少作主色。

蓝色 / 蓝紫色 + 白色

在新古典家居中，蓝色或蓝紫色多与白色搭配，多为明色调或淡浊色调的蓝色，暗色系比较少用。此种色彩组合能够形成一种别有情调的氛围，十分具有清新的美感。

配色要点

还经常加入黑色、金色、银色等来让配色更丰富，但通常作配角色或点缀色使用。

暗红色 + 白色 / 米色

米色或白色与暗红搭配，有时会同时使用白色和米色，适当地加入一些黑色作调节，是最接近欧式古典风格的配色方式。这种配色方式复古外还带有一点明媚、时尚的感觉。

配色要点

大空间中暗红色可作为背景色和主角色使用，小空间中暗红色不适合大面积用在墙面上。

紫色 / 紫红色 + 白色

白色与紫色或紫红色组合的新古典配色方式比较少见，仍然是以白色作主色，使用在背景色甚至是主角色上，紫色或紫红色可以用在部分墙面上，也可作为配角色或点缀色使用，这种配色方式倾向于女性化一些。

配色要点

可以将金色或米黄色少量地加入进来，能够使整体配色感觉更华丽一些。

绿色 + 白色

这也是一种具有清新感的新古典配色方式，但比起蓝色的冷清感来说是一种没有冷感的清新。绿色很少在墙面上大面积的运用，通常是用作主角色、配角色或点缀色使用，绿色多柔和，基本不使用纯色。

配色要点

可以加入两者的同类色来丰富层次，例如黑色、米色、蓝色等。

金色 + 白色

金色是新古典风格的一个代表色，用金色搭配纯净的白色，将白与金不同程度的对比与组合发挥到极致。通常还会搭配一些其他新古典代表色，如蓝色、黑色、米黄色等，是具有低调奢华感的配色方式。

配色要点

金色通常不会大面积使用，最常见的是金色边框的白色家具或金色的装饰镜等。

银色 + 白色

银色与白色搭配组合方式与金色和白色搭配类似，银色也是作为点缀色或者家具边框出现的，偶尔会以屏风或隔断的样式做大面积的使用，不如金色那么奢华，但具有一些时尚感。

配色要点

银色的使用注重质感，多为磨砂处理的材质，除了镜面很少使用亮面材质，以彰显品质感。

家居配色技巧

配色与家具造型结合彰显风格特点

除了色彩外，还宜结合带有新古典风格造型特征的家具，这样风格特征会更明显地让人感知到，在没有完美的专业知识及美术功底下，不建议盲目地混搭不同风格的家具。选择家具时，在确立了一个大体配色效果的前提下，参考房间的背景色和想要塑造的效果，再选择恰当的色彩及造型，不宜脱离整体效果。

▲ 大地色搭配米色和暗红色，组合简化线条的新古典造型墙面和家具，使风格特征浓郁。

▲灰色和黄色是新古典风格和新中式风格的共同代表色彩，选择两种色彩组合，搭配简化的古典造型，实现了两者的完美融合。

可与中式混搭

新古典风格家居内无论是家具还是配饰，均优雅、唯美，彰显高雅的贵族气质，与中式风格有着一些共同点。因此，在设计新古典风格的居室时，还可以选择一种共同的色彩，将新古典风格和新中式风格结合在一起，使东方的内敛与西方的浪漫相融合，塑造中西合璧的尊贵感。

软装基本没有纯色

新古典风格的软装饰种类很多，包括常见的油画、水晶宫灯、罗马古柱、蕾丝垂幔等，都是点睛之笔，它们都是作为点缀色存在的。窗帘、桌巾、沙发套、灯罩等均以低彩度色调和棉织品为主，如羊皮或蕾丝花边的灯罩配以铁艺或者天然石材打磨灯座的台灯、薄纱透光窗帘、丝质或棉质靠枕等。

▲明浊色调的蓝色墙面搭配低纯度的绿色家具，虽然是清新的配色，但因为色调的原因仍然具有古典感。

可先选家具再搭配其他颜色

新古典风格的家具是专业设计师的成型作品，都会具有明显的风格特征，常用的色彩也都是代表色，例如白色、金色、黄色、暗红色等。如果整体对配色没有把握，可以先选择家具，而后再根据家具的色彩进行其他部分的配色，这样就不容易造成层次的混乱。

▲暗红色搭配金色的座椅具有显著的新古典特征，搭配米黄色的墙面属于两者的近似色，既有层次感又能够强化风格特点。

金色选择磨砂或做旧材料可以避免庸俗

金色是新古典风格家居的一个代表色，它是一种非常奢华的色彩，最常用金属材料展现。所以如果依托的材质质感不恰当就很容易使人感觉庸俗，建议选择经过做旧处理或磨砂面的材质来呈现，色调上尽量避免使用纯色，浅色或暗色比起纯金色更具质感和复古感。

▲白色、米黄色、蓝色组合的经典新古典风格居室中，大件家具的边框及小件家具整体使用金色仿旧金属材料，华丽而具有品质感。

新中式风格　或朴素或高贵的和谐配色

新中式风格是将中式元素与现代材质巧妙地糅合，将明清时期家居设计理念的精华，元素提炼并加以丰富，呈现全新的传统家居气息。它不是中式元素的堆砌，而是将传统与现代元素融会贯通的结合。

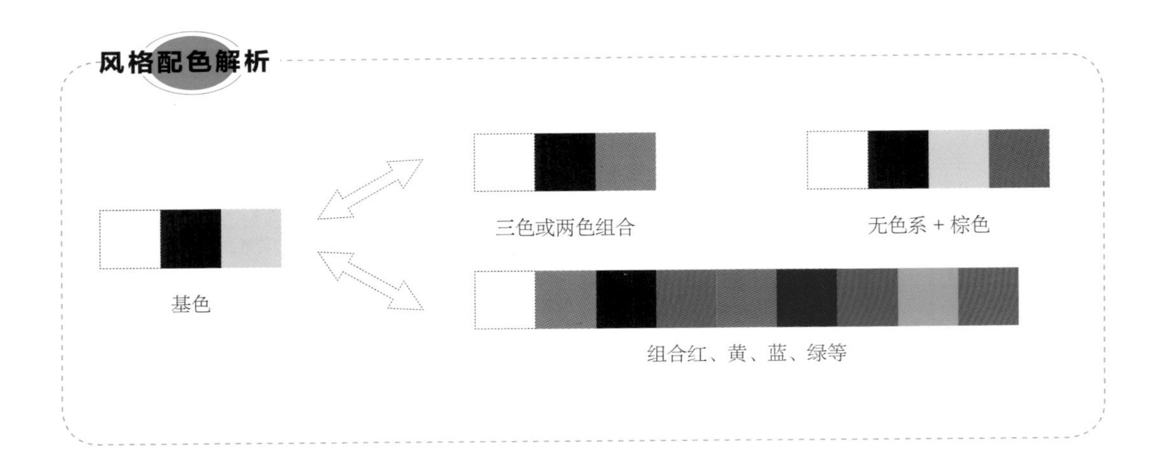

新中式风格配色类型

在进行新中式风格家居色彩设计时，需要对空间的整体色彩进行全面的考虑，不要只是零碎的、小部分的堆积而忘记了整体效果，如果只是简单的构思和摆放，其后期的效果将会大打折扣。新中式风格设计的主旨是“原汁原味”地表现以及自然和谐的搭配方式，配色有两种常见形式：

① **素色：**以苏州园林和京城民宅的黑、白、灰色为基调。

② **彩色：**在黑、白、灰基础上以皇家住宅的红、黄、蓝、绿等作为局部色彩。

古朴的棕色通常会作为搭配，出现在以上两种配色中，若用在地面上，能够增加亲切感和自然感。

新中式风格不是简单地用古典元素和现代元素进行堆砌，而是两者的提纯和融合。

新中式风格配色类别速查

白色 / 米色 + 黑色

此种新中式配色方式通常以白色为主色，黑色作配角色或点缀使用，整体效果朴素而时尚，给人一种黑白分明的畅快感。如果觉得黑白搭配的色调对比太强，可用米色代替白色。

配色要点

此种配色中可以加入一些暗色调的彩色进行点缀，如暗红色、暗棕色等。

无色系

用黑、白、灰三色中的两色或三色组合作为空间中的主要色彩，是源于苏州园林的配色方式，偶尔加入金色或银色。装饰效果朴素、具有悠久的历史感，其中黑色可用暗棕色代替。

配色要点

以白色或浅灰色做大面积使用时，这种配色方式即使是小户型也适用。

大地色 + 米色 / 米黄色

以米色或米黄色搭配大地色系，给人以开放、宽容的感觉。以米色或米黄色为背景色或主角色时，能够塑造出具有柔和的明快感、亲切感的韵味；若以大地色为主色，米色或米黄色辅助，则具有厚重感和古典感。

配色要点

喜欢柔和、高雅的感觉可以使用米色；如果喜欢温馨感可以使用米黄色。

无色系 + 棕色

棕色可以说是现代中式风格中最常见的色彩，根据空间面积用作主角色或配角色，具有亲切、朴素的感觉。最常与白色组合，与浅灰色搭配也很常见。黑色常做层次调节加入，若觉得白色过于直白可用米色替代。

配色要点

深棕色与无色系的组合是园林配色的一种演变，常用的是深棕色或暗棕色，具有复古感的色调。

米色

米色与白色明度接近但更柔和，它的使用方式与白色类似。白色比较具有视觉刺激性，特别是与暗色调组合的时候，想要柔和一些就可用米色来替代，或者白色附近加入米色以过渡的方式来缓和。

配色要点

年长的居住者都比较喜欢色彩缓和一些，他们的居室可以在重点部分使用米色，顶面使用白色。

红色或黄色

红色和黄色在中国代表着喜庆和尊贵，是具有中式代表性的色彩。新中式家居中最常用丝绸、布艺等呈现出来，颜色可以是纯色也可以是浓色调的，能够具有华丽感的色调，多作为点缀色使用。

配色要点

红色和黄色如果大面积使用很容易使人感觉烦躁，将其与靠枕、摆件等结合最具协调感。

蓝色或青色

蓝色或青色与红色、黄色一样，同样源自中国古典皇家住宅中的配色，特别是青色在古时候用得比较多，与红色和黄色相比，在新中式风格中使用冷素能够体现出肃穆的尊贵感。

配色要点

这两种颜色在新中式风格中使用时，如果不搭配对比色，则很少采用淡色或浅色，浓色调最常用。

紫色

在新中式风格配色中，紫色使用比较多，紫色在一些朝代中也属于尊贵的皇家颜色，所以使用它能够为空间增添尊贵感和神秘感，如果觉得太具个性可以搭配少量紫红色作调节。

配色要点

淡色或浅色的紫色过于浪漫，基本不会在新中式风格中使用，使用的多为浊色、浓色或暗色。

绿色

新中式家居中，绿色多作为点缀使用。在黑、白、灰或棕色为主的配色中加入绿色能增加平和感，使整体效果更舒适。色调同样要避免过于淡雅，加入灰色或黑色调和更符合风格特点。

配色要点

可以选择略带一点黄色的绿色，特别是丝绸材料的布艺，更符合新中式风格的意境。

近似型

最常采用的近似型组合是红色和黄色，是将两种典型的代表色结合，尊贵、华丽的感觉非常强烈。通常是点缀色与大地色系或无色系搭配，两色的色调可以靠近也可拉开差距。

配色要点

如果想在传统氛围中增加一些清新感，则可以使用蓝色或青色与绿色组合的近似型。

对比型

对比色多为红蓝、黄蓝、红绿对比，与红色、黄色一样，取自古典皇家住宅。在主要配色中加入一组对比色，能够活跃空间的氛围。这里的彩色明度不宜过高，纯色调、明色调或浊色调均可。

配色要点

对比色如果放在白色等浅色背景上，对比感就会强一些，如果放在棕色等深色上就会弱一些。

多彩色

选择红、黄、蓝、绿、紫之中两种以上色彩搭配，与如白色、大地色、灰色、黑色等组合，效果是所有新中式配色中最具动感的一种。色调可淡雅、鲜艳，也可浓郁，但这些色彩之间最好拉开色调差。

配色要点

小空间多色适合作点缀使用，空间面积宽敞的时候可以选择 1、2 种彩色作为配角色。

家居配色技巧

配色从整体考虑

新中式风格设计的主旨是“原汁原味”的配色表现，以及自然和谐的搭配方式。在进行色彩设计时需要对空间的整体进行全面的考虑，不要只是零碎地进行小部分的堆积。从背景色入手，而后搭配家具，或者先选家具再配背景色，最后是点缀色的选择。只是简单的堆积摆放，彰显不出风格的内涵，还容易显得凌乱。

▲用浅棕色装饰墙面和地面，而后搭配黑色木质家具，塑造出厚重的复古感，再点缀一点红色活跃氛围。

用图案结合色彩强化风格特点

中式风格有一些流传已久的、具有代表性的独特造型和图案，将这些造型或图案与配色组合，能够使古典韵味更浓郁。例如寿字纹、回字纹、花鸟与山水图案等，可以用花格、屏风、丝绸布艺、水墨画等方式表现出来，仍然是以无色系为主角，素雅中还具有一些艺术感。

▲装饰画以及柜子上的图案都具有中式特色，搭配具有新中式配色，具有古雅的韵味。

软装饰多为传统材料

在饰品摆放方面，新中式风格是比较自由的，但空间中的主体装饰物还是中国画、宫灯、屏风、博古架和紫砂陶等传统饰物。数量不需太多，在空间中却能起到画龙点睛的作用。色彩可根据空间内界面的色彩及大件装饰的色彩来进行选择，以协调为主，可以融合也可以对比。

▲陶瓷底座的台灯融合了现代的简约线条和中式古典意境，与墙面的花鸟图案相得益彰。

地中海风格 奔放、纯美的配色方式

地中海海域广阔，色彩非常丰富，并且光照足，所有颜色的饱和度也很高，体现出色彩最绚烂的一面。所以地中海风格家居的配色特点就是无须造作，本色呈现。从地中海流域的特点中取色，金色的沙滩、蔚蓝的天空和大海、建筑风格的多样化，这些因素使得地中海风格的配色明亮、大胆，且色彩丰富。

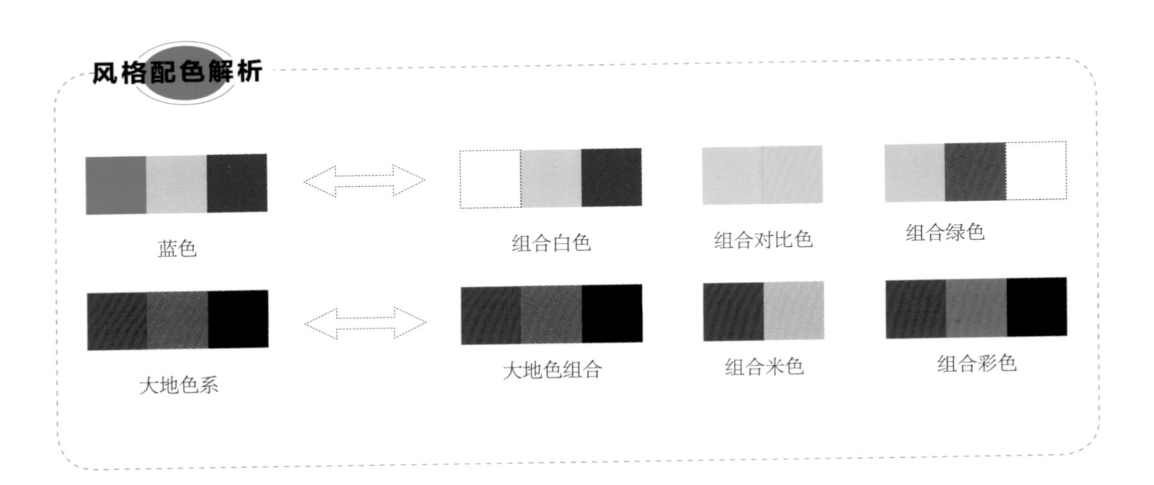

地中海风格配色类型

①**蓝色为主：**一种是最典型的蓝＋白，这种配色源自于西班牙，延伸到地中海的东岸希腊，白色村庄、沙滩和碧海、蓝天连成一片，就连门框、楼梯扶手、窗户、椅面、椅脚也都会做蓝与白的配色，加上混着贝壳、细砂的墙面、小鹅卵石地面、拼贴马赛克、金银铁的金属器皿，将蓝与白不同程度的对比与组合发挥到极致；一种是蓝色与黄、蓝紫、绿色搭配，呈现明亮、漂亮的组合。

②**浓厚的土黄、红褐色调：**北非特有的沙漠、岩石、泥、沙等天然景观，呈现浓厚的土黄、红褐色调，搭配北非特有植物的深红、靛蓝，散发一种亲近土地的温暖感觉。

蓝色和白色组合使用，是最具代表性和运用最广泛的地中海风格配色方式。

地中海风格配色类别速查

白色 + 蓝色

源自于希腊的白色房屋和蓝色大海的组合，具有纯净的美感，应用最广泛的地中海配色。白色与蓝色的组合犹如大海与沙滩，源自于自然界的配色，使人感觉非常协调、舒适。

配色要点

最具清新感的地中海配色方式，各种色调的蓝色都适合用在此种组合中。

米色 + 蓝色

属于蓝白组合的衍生配色，用米色代替部分白色与蓝色组合作主色，与白色和蓝色的组合相比，用米色显得更柔和一些，并且能与白色形成微弱的层次感，使整体配色更细腻。

配色要点

蓝色和白色可以用条纹类的材质用在墙面上，搭配米色为主的沙发，简单而又清新。

蓝色 + 白色 + 对比色

用蓝色搭配它的对比色，包括黄色、米黄色、红色等，视觉效果活泼、欢快。可用黄色或白色作背景色，蓝色作主角色；也可以颠倒过来，而红色主要是作点缀色使用，与蓝色和白色组合。

配色要点

黄色除了深色调和暗色调都比较常用，而红色与其相反，多使用的是浓色调至暗色调。

蓝色 + 白色 + 绿色

此种配色方式仍然是以白色与蓝色为主。其中加入一些绿色，源自于大海与岸边的绿色植物，给人自然、惬意的印象，犹如置身于海边的树下乘凉，使人心情舒畅。

配色要点

蓝色与绿色属于近似色，因此蓝白的清新感仍然存在，只是整体感觉更开放一点。

蓝色 + 白色 / 米色 + 大地色

大地色系搭配蓝、白 / 米色组合，是将两种典型的地中海代表色相融合，兼具亲切感和清新感。追求清新中带有稳重感，可将蓝色作为主色，白 / 米色作背景；若追求亲切中带有清新感，可将大地色作为主色。

配色要点

由于大地色的彩度比较低，为了拉开色调差，蓝色多使用淡色、浅色或者浓色。

蓝紫色

蓝紫色是源自于地中海沿岸南法地区的薰衣草田颜色，它介于蓝色和紫色之间，融合了清新感和浪漫感。在使用时多取代蓝色与白色做组合，也可以加入一些淡米黄色或米色调节层次。

配色要点

蓝紫色在这里色调多为浅色或浓色，很少使用过于具有神秘感的暗色。

大地色

地中海风格使用的大地色多为土黄色或者褐色，扩展来说还有旧白色、蜂蜜色等。色彩源于北非特有的沙漠、岩石、泥土等天然景观的颜色，大地色组合具有亲切感和浩瀚感。

配色要点

以大地色为主的地中海配色方式比较适合宽敞的空间，除了木质材料外还可用布艺来表现。

大地色 + 米色

用柔和的米色与厚重的大地色系组合，具有一些明度对比，但是并不让人感觉激烈，整体效果具有兼容厚重感和温馨感的效果。两种颜色有一部分非常类似，所以非常具有稳定感。

配色要点

宽敞的空间中大地色可以用在墙面上，如果是小空间且采光不佳，用在地面上比较舒适。

大地色 + 绿色

大地色系搭配绿色，是在北非地中海中加入一些田园风格，带有一些混搭气息。比起其他风格的此类配色方式，地中海风格中的大地色要更偏向红色一些，且绿色多作为点缀、辅助出现。

配色要点

绿色多在浓色调至暗色调的范围内选择，很少使用具有淡色调至纯色调范围内的色彩。

大地色 + 暖色

大地色系搭配暗红色、土红色、黄色、米黄色等暖色系色彩，属于地中海风格配色中比较厚重的一种配色方式。黄色色调为浅色调或淡浊色调，红色则相反，明度都比较低，这样搭配效果会更协调。

配色要点

大地色使用的面积大一些更具有浩瀚感，如果想要温馨一些可以多用米黄色。

大地色 + 多彩色

大地色系同时搭配红色、黄色、橙色等暖色系色彩，及蓝色、绿色之中的几种，这些色彩的明度和纯度低于纯色，更容易获得协调的效果，视觉上会感觉更舒适。

配色要点

喜欢柔和、高雅的感觉可以使用米色；如果喜欢温馨感可以使用米黄色。

配色窍门 · **绿色用植物呈现最自然**

地中海风格属于自然类风格的一种，色彩具有显著的海沿岸特点。尤其是北非地中海类型的家居中，多使用厚重的大地色系，难免会让人感觉有些沉闷。为了缓解这种厚重感，多使用一些爬藤类或阔叶类的植物是不错的手段。这些自然的绿色可以为家居中带来生机感和自然韵味，与自然类风格搭配非常协调，比起绿色的布艺、沙发等，用植物来呈现绿色会更容易给人融洽的感觉。

家居配色技巧

沙发多为布艺款式，墙面多拱形

地中海风格中的沙发多为布艺款式，面料以棉麻居多，色彩多为低彩度，展现自然的淳朴感觉。无论是家具还是墙面造型的线条都比较简单而圆润，圆弧形、拱形是典型的造型元素。饰品多采用海洋元素，例如贝壳、海星、船锚、鹅卵石等，表现出自然清新的生活氛围。

▲ 墙面的配色比较活泼，所以家具主要选择了低彩度的棉麻布料与墙面组合，避免喧闹感的产生，搭配圆弧处理的垭口，具有显著的地中海特征。

海洋元素的壁纸或布艺

在进行地中海风格的装饰时，除了配色要具有地中海特点外，还可以搭配一些海洋元素的壁纸或布艺，例如条纹、帆船、船锚、圆点等图案，来增强风格的特点，使主题更突出。需要注意的是，带图案的材料颜色宜清新一些，底色可以是白色、米色甚至是淡米黄色，花纹以蓝色为佳。

▲虽然居室内的色彩数量很少，但所选用的材料均带有动感图案，大大丰富了层次感。

法式风格 高贵典雅、浪漫气息浓郁

法式风格所有的一切均高贵典雅而又具有舒适的田园之气，且无论是色彩搭配方式还是家具造型，都比较适合宽敞的空间。

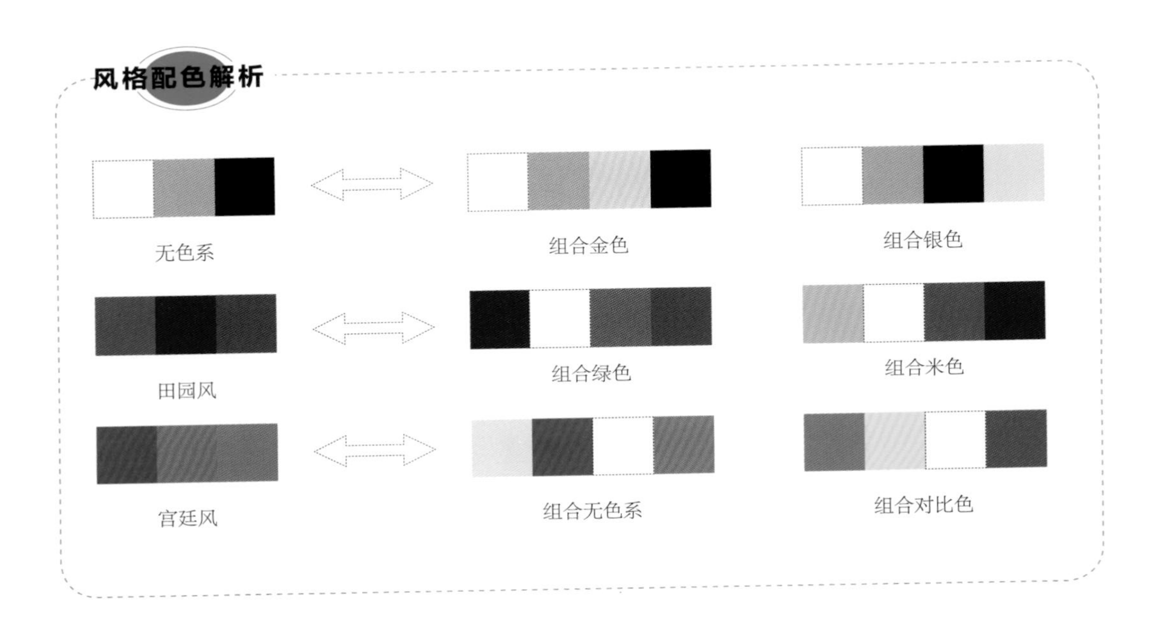

法式风格配色类型

①**个性配色：**以无色系为主的配色方式，通常是白色大面积使用，黑色及灰色作主角色、配角色，金色或银色点缀使用。

②**田园风：**以大地色系为主色的配色方式，色调多给人典雅感，基本没有用刺激的色调，通常还会搭配绿色、米色来制造层次感，家具边框以木质居多，且以白色和深色木本色为主。

③**宫廷风：**配色多具有华丽感，或浪漫感，主色作为紫色、蓝色、粉色等，低调奢华且给人非常舒适的感觉，家具边框多为金色或银色。

富贵而典雅是法式风格的特点，即使是华丽的氛围，也不让人感觉庸俗，色彩设计更是柔和而舒适的。

法式风格配色类别速查

无色系

属于法式风格家居中比较具有个性感的一种配色方式，多采用的是宫廷风的装饰。黑色和灰色主要运用在沙发上，会结合一些带有显著特点的材料，例如丝绒或带有变换感的布艺，搭配金色或银色的边框。

配色要点

法式风格中黑、白、灰三色很少同时大面积地出现，如果使用黑色，沙发墙面多为淡彩色。

紫色

法国是浪漫的国度，所以最具浪漫气息的紫色经常被使用，但是很少使用暗紫色。多为淡色或者浓色，前者浪漫感更浓郁，后者显得更华丽一些，紫色多搭配白色或近似色组合。

配色要点

紫色具有非常显著的女性气质，如果想要女性气质弱一些，可以采用淡浊色调的紫色。

粉色

具有甜美感和浪漫感的粉色也常被运用在法式家居中，最常用在儿童房或女性房间中。如果是用在公共空间中多为浓色调或深色调，作为配角色或点缀色出现。

配色要点

粉色也可以非常具有个性，例如金色边框的粉色座椅与黑色沙发组合。

米黄色、米色

用米色或米黄色作为法式风格居室的主色，能够使空间具有温馨感。多搭配一些带有田园图案的壁纸或少量的深色木质材料来增添层次感，这种配色方式多用在卧室中，客厅等公共空间不常用。

配色要点

将此类色彩作为主色使用时，如果搭配一些白色，可以显得更整洁一些。

大地色

这是法式田园风格中经常出现的色彩，用在墙面、家具或地面上，通过木质材料或布料呈现出来。为了避免沉闷感可以搭配一些浅色作调节，这种配色具有厚重感和传统感。

配色要点

想要厚重感多一些可以搭配同类色，如果想要清新一些可以搭配一些绿色。

金色、银色

金色是法式风格中比较常见的一种颜色，无论是家具还是墙面上都经常使用。但这种金色并不庸俗也很少奢华，都具有低调的典雅的感觉，有时候金色也会用银色来代替。

配色要点

家具上的金色都是搭配好的，但在选择金色饰品的时候最好选择经过做旧处理的款式。

蓝色、青色

蓝色为主的法式居室具有高雅而清新的感觉，也是很常见色彩。多为淡雅柔和的色调，柔和不冷冽的感觉。有很多时候蓝色也会用青色来代替，营造一种清爽中带有一点自然感的感觉。

配色要点

如果觉得蓝色有些冷清，可以用青色代替或者用青色与蓝色组合使用。

绿色

绿色是法式田园风格居室中常见的一种色彩，多与大地色组合使用，塑造具亲切感和自然气息的居室氛围。为了烘托自然韵味，经常会搭配红色、粉色使用，但色相对比不会太强烈。

配色要点

无论是哪一种法式风格，色调都非常柔和、舒适，所以绿色也不会使用太纯粹的色调。

对比色

法式风格中最常见的对比色就是蓝色和米黄色的对比，蓝色或淡雅或宁静，不会选择具有尖锐感的纯色或浓色。其次就是田园风格中常见的红绿组合。其他颜色的对比比较少用。

配色要点

法式风格最常用色调对比来增加层次感，色相对比也保持一种低刺激以加强风格特点。

家居配色技巧

天然类材料的运用

法式风格具有一些田园风格的特点，所以家居中多用木料、石材等天然材料。这些材料自然界原来就有、不经过深加工或者简单的加工而后运用到法式风格居室中，其原始自然感可以体现出法式风格的清新淡雅，而后搭配一些布艺或者皮质，使家居整体感觉高雅而又自然。

▲ 白色木质护墙板搭配深棕色木质茶几、石材壁炉和厚重的皮质沙发，展现贵气和高雅感。

宫廷家具多为金色、银色边框

法式家具可以分成两种风格，一种是田园风家具，一种是宫廷风家具。后者造型具有洛可可风格特点，并带有金色或银色的金属边框，典雅、高贵但没有庸俗感，配色非常舒适，即使是简约造型的墙面搭配宫廷风家具也能塑造出浓郁的法式气质。

▲ 金色边框的蓝色家具配色高贵中带有清新感，为居室增添了浓郁的宫廷风，高贵气质。

田园风格家具多为木质边框

象牙白可以给人带来纯净、典雅、高贵的感觉，棕色木质给人厚实感，都具有田园风光那种自然之感，因此很受法式田园风格的喜爱。象牙白家具往往显得质地轻盈，柔和、温情，很有大家闺秀的感觉，深色木质则给人传统、稳重的感觉，同时此类家具还多带有田园风格的印花图案，强化其自然气质。

▲带有精致造型的白色边框家具，配以雅致的色彩设计，让卧室充满了高贵而典雅的韵味。

墙面造型多带有金漆

与家具上的金漆装饰相对应的是，有的时候法式风格的墙面上也会使用金漆作装饰，且出现的频率还比较高，基本不会大面积使用。主要的手法是在线条的造型上加一层金漆，高贵但没有庸俗感，彰显低调的奢华，与白色墙面搭配最纯净。

▲纯净的白色墙面搭配金色的造型和米色的沙发，融合了田园感和一些高贵的气质。

壁炉是典型构建

与大多数的欧式风格相同的是，壁炉也是法式风格的一个具有代表性的构建，主要材料为石材或木材。壁炉的外轮廓造型并不复杂，多为简洁的线条，而其上多有精美的欧式雕花，有的还有金漆描花装饰，与高贵典雅的整体气质非常搭配，色彩多为白色、象牙色或深木色。

▲蓝色的带有欧式雕花的壁炉与墙面的花草图案相得益彰，融合了宫廷气质和田园气息。

第三章
针对不同人群的配色

在进行家居配色设计时
以居住者的性别、数量为出发点
更具有针对性、更富个性
男性、女性、男孩、女孩
居住者的不同，决定了配色也应有相应的区别
使配色为人服务，才能展现空间主人的特点

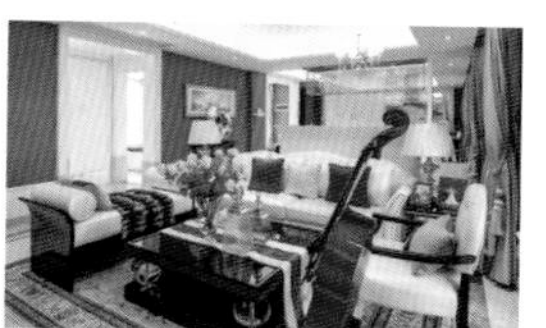

□ 单身女性

□ 单身男性

□ 女孩房

□ 男孩房

单身女性 以暖色为主且弱对比

当人们看到红色、粉色、紫色这类色彩时，很容易就会联想到女性，可以看出具有女性特点的配色通常是柔和、甜美的。

人群配色解析

大多数情况下，以高明度或高纯度的红色、粉色、黄色、橙色等暖色为主，配色以弱对比且过渡平稳，能够表现出具有女性特点的空间氛围。除此之外，蓝色、灰色等具有男性特点的色彩，只要选择恰当的色调，同样也可用在女性空间中。

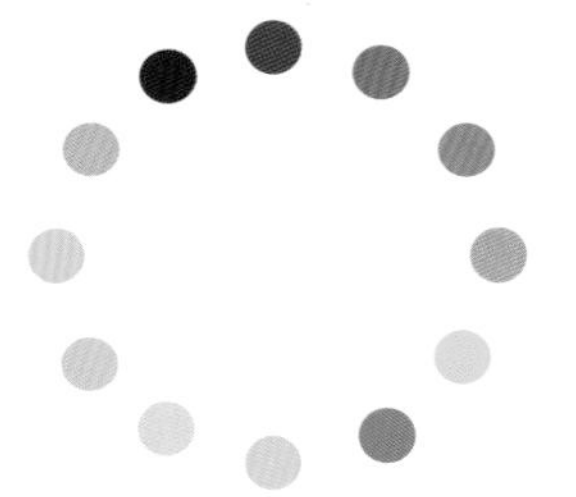

以红色为主的暖色相为中心，具有女性特点。与暖色临近的中性色，也包括在内。

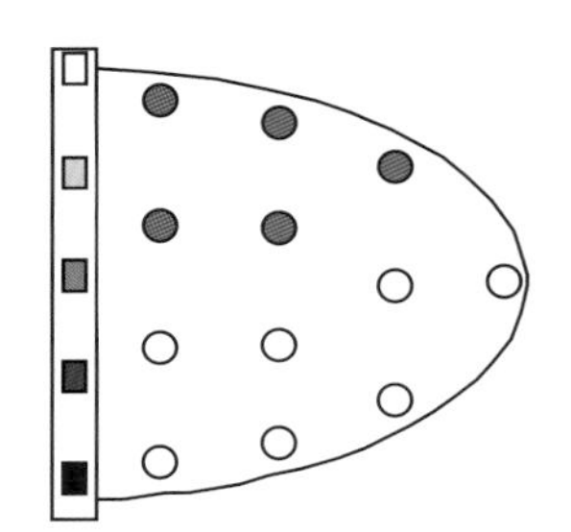

以高明度的淡色调和淡弱色调为主的配色，具有女性特点，即使是冷色选择此种色调，也可表现女性特点。

红色、粉色等暖色是女性的代表色，除此之外还有中性的紫色和黄绿色。

除了色相外，色调也是重要的元素。

单身女性配色类别速查

暖色

以纯色调或明色调的暖色，包括红色、黄色、粉色等占据主要位置，搭配近似色调的同类色或对比色，能够展现女性活泼的一面；高明度的淡浊色，且过渡平稳，能够表现出女性优雅、高贵的感觉。

配色要点

如果采用对比色与主色组合，需要注意对比强度不能过强，色调接近为佳。

冷色

如蓝色、青色这类的冷色也可以用在女性空间中，选择淡色调、明色调及纯色调的冷色，配色选择弱对比的色彩进行组合。若同时加入一些白色，就能够体现出干练、清爽的女性特点。

配色要点

以冷色为主色表现女性特质时，可以适当地组合一些近似色丰富层次，例如绿色。

绿色

绿色从色相来说宜男宜女，所以让其具有明确的性别偏向主要依靠的是色调，表现女性仍然是建议选择纯色调或明色调。它很少单独使用，通常会与其他色彩组合。

配色要点

如果用绿色为主表现女性特点，建议同时搭配大量的白色，还可加入一些近似色。

紫色

紫色也是具有代表性的女性色彩之一，其独有的浪漫特质非常符合女性特质。淡色调、明色调及淡浊色调的紫色最适合表现女性高雅、优美的一面，暗调的紫色宜小面积使用。

配色要点

用紫色与粉色或红色搭配，能够使女性特质更明显，表现出甜美而浪漫的感觉。

无色系

以粉色、红色、紫色等女性代表色为主色，加入灰色、黑色等无色系色彩，能够展现带有时尚感的女性特点。除此之外，还可以用柔和的灰色搭配白色来表现女性特点。

配色要点

黑色不适合用在墙面上，可以用在辅助作用的家具或者点缀色上。

多色

为了丰富层次感，可能会用到对比型、全相型等多种色彩的组合方式，这种组合宜采用弱对比。例如以明度较高或淡雅的暖色、紫色，搭配恰当比例的蓝色、绿色等，具有梦幻和浪漫感。

配色要点

此种配色方式可以在墙面上使用一种女性色作背景，使女性特点更突出。

家居配色技巧

使用冷色注意搭配和色调

用蓝色表现女性气质，所使用的色彩宜爽朗、清透，表现出该色彩柔和的一面，而深色调的冷色可用在地毯或者花瓶等装饰上，不要占据视线的中心点。但需要避免大面积地使用暗沉的冷色，防止使配色效果过于冷峻而失去女性印象。若用淡冷色、米色再组合白色，温馨中糅合清新感，非常适合小户型。

▲以淡灰粉色与白色搭配作背景色，搭配柔和的蓝色沙发，清新而又具有女性特点。

暗暖色避免强对比

暗色系的暖色具有复古感和厚重感，喜欢此种感觉的女性想要将其用在家中时，需要注意避免与纯色调或暗色调的冷色同时大面积的使用，以免产生强对比感，将其放在地面上或者用小件的家具呈现比较安全。尤其是小面积的空间，墙面更是不建议采用太深暗的颜色，以免使人感觉压抑。

▲ 将暗暖色用在地面上并搭配一块与墙面配色类似的地毯，增加稳定感又不会干扰整体的配色印象。

单身男性 展现理智和力量感

男性给人的印象是阳刚的、有力量的，为单身男性的居住空间进行配色设计，应表现出他们的这种特点，冷峻的蓝色或具有厚重感的低明度色彩具有此种特征。

人群配色解析

冷峻感依靠蓝色或者黑、灰等无色系结合来体现，能够表现理智的一面；以明度和纯度低的暗色调为配色主体可以体现厚重感，体现出具有力量的一面。除此之外，具有强对比的色彩组合也能表现出男性特点。

以蓝色等冷色相为中心的色彩组合，能够表现男性气质。无色系的黑色和灰色也能够表现男性的冷峻感。

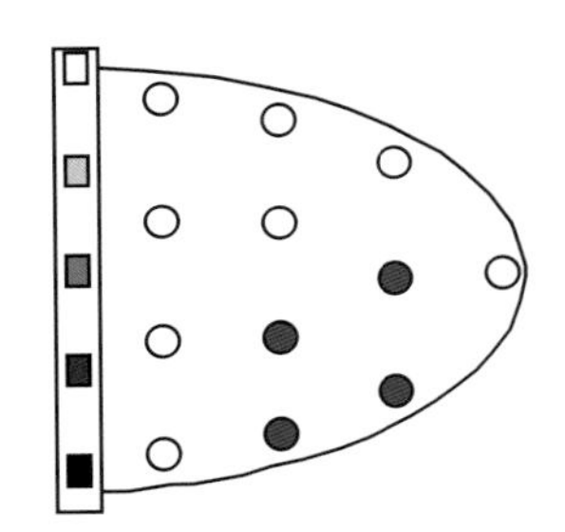

以具有浑浊感的浊色调，以及深色调和暗色调为主的配色，可表现出男性气质。

蓝色和无彩色，以及具有厚重感的暖色，均具有男性特点。

即使是暖色，只要采用强对比，无论是色相对比还是色调对比，也能体现男性气质。

单身男性配色类别速查

蓝色

以蓝色为主的配色，具有冷色系的特点，能够展现出理智、冷静、高效的男性气质。若同时搭配白色，能够塑造出明快、清爽的氛围；加入暗暖色组合，则兼具力量感。

配色要点

与女性配色相反，表现男性特点时蓝色适合使用低明度、低纯度的色调。

蓝色 + 灰色

灰色具有都市气质，也是具有理性的色彩之一，蓝色加灰色组合，能够展现出俊雅的男性气质，加入白色增加干练和力度。暗浊的蓝色搭配深灰色，能体现高级感和稳重感。

配色要点

这种组合以蓝色为主或灰色为主均可，还可在地面或者小型家具上加入一些大地色。

黑、白、灰

黑、灰其中的一种大面积使用或者黑、白、灰三色组合，都能够展现出具有时尚感的男性气质。若用白色墙面搭配黑色和灰色家具等，强烈的明暗对比能体现严谨、坚实感。

配色要点

表现男性特点时，白色的使用面积宜小一些，黑色和灰色可多一些。

对比色

选择暗色调或者浊色调的冷色和暖色组合，通过强烈的色相对比，营造出力量感和厚重感，也可以展现男性气质。除此之外，还可以通过色调对比来表现，例如浅蓝色和黑色组合。

配色要点

想要使色调对比具有明快的感觉，可以用白色作为主角色，搭配深色。

厚重暖色

深暗的暖色或浊暖色能展现出厚重、坚实的男性气质，如深茶色、棕色等，此类色彩通常还具有传统感。若在色彩组合中，同时加入少量蓝色、灰色作点缀，使人感觉考究、绅士。

配色要点

采用此类色彩表现男性特点，可以根据房间的大小决定它们的使用位置。

中性色

暗色调或浊色调的中性色，如深绿色、灰绿色、暗紫色等，同样具有厚重感，也可用来表现男性特点。加入到具有男性特点的蓝色、灰色等色彩组合中，能够活跃空间氛围。

配色要点

高纯度绿色可以作为点缀色来与具有男性特点的色彩组合，但需要控制两者的对比度。

家居配色技巧

配色宜分清主次

以冷色为主色彰显男性气质时，若同时组合暖色，需注意控制两者的比例，在角色的地位上宜保证冷色的重点色地位，避免暖色超越，以免造成配色层次的混乱，反之亦然。选择暗色调的冷色表现男性特点且想要用在墙面上时，需要注意居室的面积及采光。如果面积很小或采光不佳，不建议大面积的使用，以免给人一种压抑、阴郁的感觉。

▲ 冷色集中在背景墙和寝具上，暖色占据地面和部分家具，主次分明。

巧妙强化男性气质

单一的使用色相组合觉得力度不够想要加强男性特点时，可以将色相组合与明度对比结合起来，例如蓝色组合黑色，蓝色选择与黑色明度相差多一些的色调，就能够既具有理性又具有坚实感。在用暗色为主并使用较多时，还可以加入一些纯色与暗色作对比，凸显力量感。

▲ 橙色的沙发不仅与蓝色靠枕形成对比，还在色调上与深灰色沙发形成对比，强化了男性的力量感。

女孩房 表现纯真和浪漫感

女孩房间一般以粉色、红色等暖色为主，也可以选择浅紫色，体现女孩的公主梦。在具体设计时，可以结合她的年龄具体选色。

人群配色解析

婴儿房的色彩宜避免强烈的刺激，以淡粉色、肤色、淡黄色等色彩作为主色，能够营造出温馨、甜美适合女婴的氛围；儿童或者青少年的女孩，配色效果则可以略为浓烈一些；青少年的房间还可适当地运用黑色或者灰色与粉色等结合，来表现时尚感和个性感。

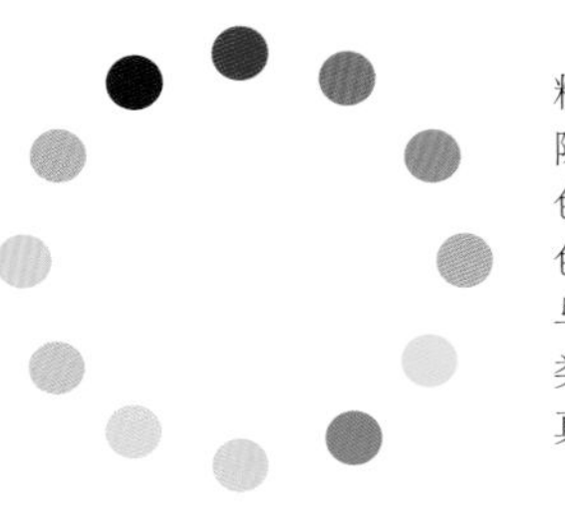

粉色最具代表性，除此之外其他的暖色相以及紫色和绿色也可装饰女孩房。与单身女性用色有类似之处，但更纯真、甜美一些。

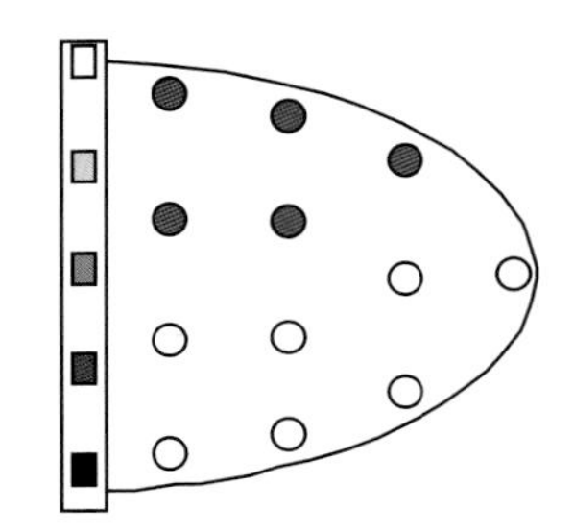

高明度的色调适合女婴也适合女孩，而高纯度的色调只适合女孩，对婴儿来说太刺激。

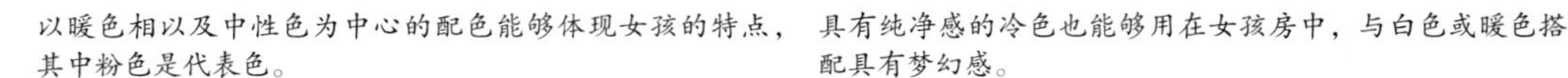

以暖色相以及中性色为中心的配色能够体现女孩的特点，其中粉色是代表色。

具有纯净感的冷色也能够用在女孩房中，与白色或暖色搭配具有梦幻感。

女孩房配色类别速查

粉色、紫色

明色调的粉红色和紫色会让人联想到女孩。用此类色彩装饰女孩房符合性格特征。与成年女性不同的是，儿童房的色彩组合宜更纯真、更甜美一些，可大面积搭配白色。

配色要点

背景色如果使用柔和一些的色彩，能够增加温馨感，例如米黄色或米色等。

红色、黄色

红色和黄色都具有活泼的感觉，纯色调比较适合于儿童阶段的女孩。大一些的女孩可以使用略深一些的色调，虽然是儿童房，纯色调的此类色彩也不适合大面积使用，可以用在寝具上。

配色要点

可以将它们作为主角色使用，大面积上搭配柔和的浅色或者白色，更舒适。

蓝色、绿色

蓝色和绿色属于女孩、男孩都能够使用的色彩，重点在于组合的方式。女孩使用此类色彩色调宜淡雅一些，并且多作背景色或点缀色。也可以使用纯色调与其他色彩组合，但过于暗沉的就不适合过多使用。

配色要点

女孩房使用蓝色和绿色与女性使用方式类似，越具有纯净感越佳。

近似色

将位置相近的色彩组合起来，不仅能够强化居室的特定印象，还可以使配色效果更开放一些。例如将粉色和紫色组合起来，就能够使女孩房既显得甜美又具有浪漫感。

配色要点

两种色彩宜有主次，或者用白色作背景统领它们，更容易获得协调感。

对比色

使用对比色能够增添开放、活泼的感觉，任何年龄阶段的女孩都适用。婴儿和青春期的女孩对比宜采用淡色调以减弱刺激感，儿童阶段的女孩运用对比色的色调可以纯粹一些、活泼一些。

配色要点

女孩房常用的对比色有粉色和绿色、红色和绿色、蓝色和黄色等。

多色组合

多色组合就是指将多种颜色组合来塑造具有女孩特征的居室。有两种方式，一种是具有活泼感的方式，使用的纯色较多；一种是柔和甜美的组合方式，采用的淡色调或浅色调较多。

配色要点

用多种颜色表现女孩特点的时候建议以粉色、紫色、红色等女性颜色为主色。

家居配色技巧

结合年龄予以区别

女孩可以分为三个年龄段，婴儿、儿童和少年。婴儿的房间，适合采用温柔、淡雅的色调，使她们具有安全感和被呵护的感觉，淡色调的肤色、粉红色、黄色等，能够塑造出温馨的氛围；儿童是天真、活泼的，用高明度和高纯度的色彩来搭配，能够彰显这种感觉；少年接近于青年，有了自己的喜好，配色可以具有个性一些。

▲以浊色调装饰墙面搭配紫红色和黑色结合的家具，融合了甜美感和一些成熟的感觉。

无论怎么组合都不要忘记甜美感

女孩房的配色以粉色为主最能够体现性别特点，且色彩不宜过于暗沉，淡雅或接近纯色均可。冷色或中性色可以作为点缀使用，但同样不宜过于暗沉。若使用黑色或灰色，控制面积是关键。例如，以粉色和白色为主的房间内，加入一张黑色椅子，就很适合有个性的女孩。总的来说，不论怎么搭配点缀色，主色都宜采用带有甜美感的色相为佳。

▲ 淡粉色的寝具和床具有明显女孩特征，虽然墙面使用了深蓝色，整体也仍然具有甜美感。

男孩房 适合蓝色、绿色、棕色

装饰男孩房，通常以蓝色、绿色或棕色系为主色来表现。除此之外，黄色也可用来装饰男孩房间，用来表现其活泼的个性。

人群配色解析

婴儿房宜淡雅一些，可以采用淡雅的、明度较高一些的蓝色、绿色或棕色等，少量点缀一些活泼的色彩即可，避免对婴儿的眼睛造成刺激；明色调适合少年儿童，采用鲜艳、强烈的配色，更能够吸引他们；接近成年人的青少年，有了自己的主见，房间配色可以与成年男性靠近。

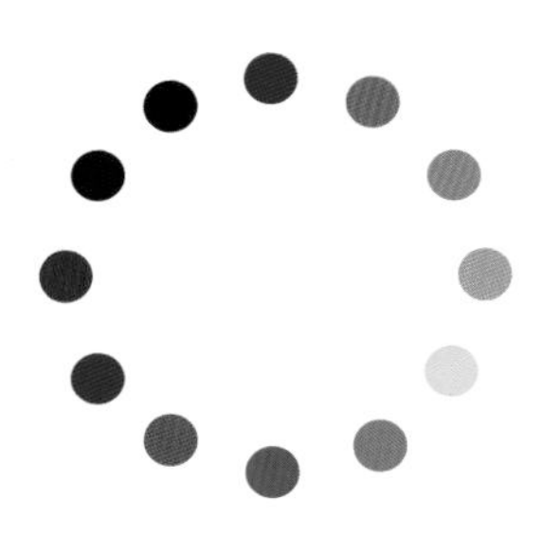

男孩房通常以冷色相或绿色为主，配色上根据年龄选择最佳，活泼的儿童甚至可以选择全部色相组合来表现活泼的天性。

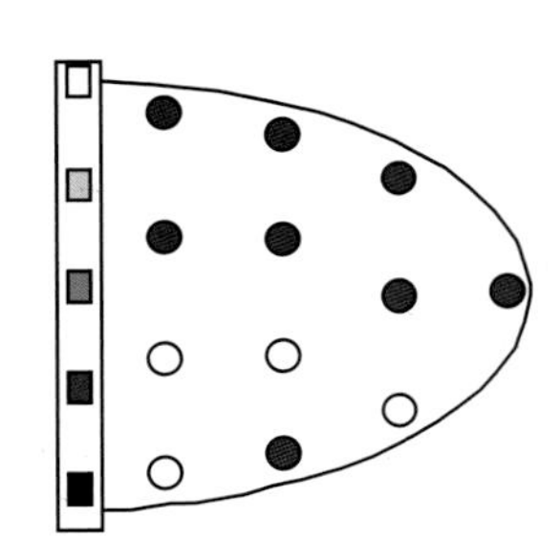

婴儿房适合淡色调；儿童阶段的男孩可以锐利的纯色调为主；青少年除了上述色调，还可使用深色调。

冷色、绿色以及棕色都可用来装饰男孩房，而暖色中的黄色和橙色等也可用在男孩房中。

表现男童的活力感时，可以使用一些高纯度的暖色，即使是紫色也可以适量点缀。

男孩房配色类别速查

蓝色

蓝色是具有典型男性特点的色彩，可以表现清新感也可以表现冷静感。明亮的浅色调适合婴儿；明色调的蓝色适合少年儿童；青少年可以使用纯色调或浓色调来表现成长的特点。

配色要点

蓝色用在男孩房中可以与白色组合，也可以搭配棕色、黑色或灰色。

棕色

棕色是比较亲切的颜色，所以大多数的家居空间中都能用到，当用其来表现男孩特点的时候，可以用深棕色和浅棕色结合再搭配一些白色，而更多时候棕色都是用在家具或地面上与其他颜色结合使用的。

配色要点

使用为主色搭配一些无色系装饰男孩房，适合青春期性格比较沉稳的男孩子。

绿色

绿色是比较中性的颜色，所以它是一种比较适合搭配使用的色彩，不适合用在重点部位来凸显性别。可以用在墙面上，搭配白色具有清新感，搭配棕色具有自然韵味，搭配蓝色比较平稳。

配色要点

根据使用面积的不同，可以选择不同色调的绿色来表现男孩的特点。

无色系

以无色系中的黑色或灰色放在重点位置表现男孩特点的时候，适合比较喜欢时尚感和简约感的年龄比较大一些的男孩。白色是不可缺少的，灰色适合大面积使用，黑色建议少量使用。

配色要点

如果觉得无色系用在男孩房过于素净，可以选择带有动感的材料来呈现色彩。

对比色

男孩房最常用的对比色就是蓝色和红色，通常会使用浓色调的红色与同色调的蓝色或暗色调的蓝色对比；还可以使用蓝色和橙色对比，色调组合类似红蓝。这两种方式呈现活泼的同时还具有力量感。

配色要点

可以将对比色用图案的方式表现出来，例如条纹等，可以进一步增添活跃感。

多色组合

男孩房使用多色组合的时候，建议将具有男性特点的颜色放在重要位置上。如果是儿童可以多选择一些纯色调的色彩进行装饰；如果是青少年，色调可沉稳一些，使整体符合居住者的年龄特点。

配色要点

红、黄、蓝、绿或红、橙、蓝、绿等组合都非常适合用在男孩房间中。

家居配色技巧

根据年龄选择色彩

儿童阶段的男孩，配色主要体现其活泼、好动的个性，四角型、全色相类型的配色能够体现这种特点，用色可以大胆一些；青少年阶段的男孩，房间可以采用明度低一些的背景色或主色，有自己主见的孩子还可以加入一些灰色和黑色，加入白色及多种纯度高的彩色组合，则可以增添活泼感。

▲蓝色和绿色做主色，具有稳定感，表现青少年阶段的男孩特点。

红色也可用在男孩房

除了蓝色、绿色、灰色外，黄色、红色、橙色等暖色也可以适当地运用在男孩房中，通过色相或明度对比能够表现出力量感和活泼感，展现小男子汉的性别特点。需要注意的是，尽量避免在男孩房中使用带有明显女性特征的粉红色，因为不符合其性别特征。

▲ 以红色与蓝色的色相对比凸显出男孩活泼的特点，强对比表现出具有力量感的男孩特点。

第四章
家居配色印象

每种色相给人的印象是不同的

即使是同一种色相，不同色调的感觉也有区别

家居配色不仅可以由风格展开，还可以从配色印象来展开

纯色组合活泼、喜庆，暗色沉稳、厚重，浊色时尚……

抛开其他造型元素来说

配色印象能够引起人们共鸣才是成功的设计

□ 决定配色印象的要素

□ 素雅、抑制

□ 质朴、温和

□ 开朗、活泼

□ 温暖、厚重

决定配色印象的要素 共鸣最关键

配色印象就是设计者想要传达给人们的情感印象，是活泼的、清新的、沉稳的，还是复古的，无论怎么好看的配色，如果与想要塑造的色彩印象不符，不能够传达出正确的意义，都是不成功的。人们看到配色效果所感受到的意义，与设计者想要传达的思想产生共鸣才是成功的配色。

配色印象要素解析

家居空间的配色印象，是由多种要素共同影响决定的，但基础是色相，而色调是最主要的元素，除此之外还有色彩的对比强度、面积等。

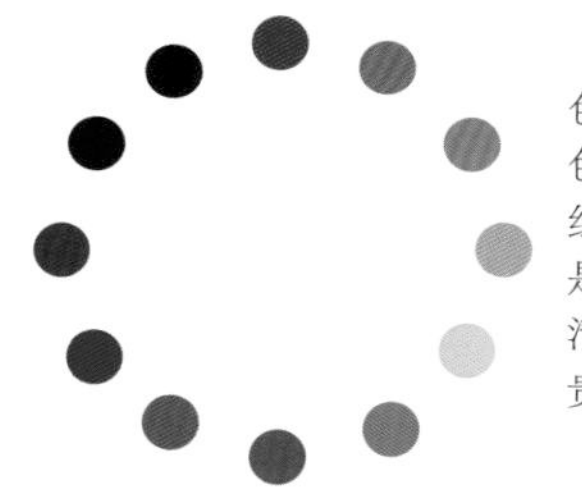

色相是塑造空间配色印象的基础，如红色在大众的眼中是热烈的，蓝色是清冷的，紫色是高贵的。

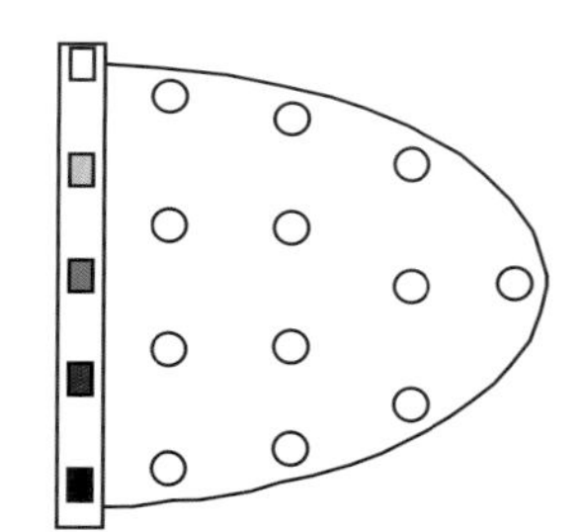

色调是决定配色印象的最主要元素，例如纯正的红色让人感觉热烈，而深红色则更复古。

用冷色为主可表现出冷静、理智的感觉，用暖色为主能够表现出活泼、温暖的感觉，当人们看到的配色效果与设计者传达的一致，就是成功的配色。

配色印象要素类别速查

色调

色调是对配色印象影响最强的属性，能让色彩情感表现得更细腻，即使是相同的色相，采用不同色调配色印象也有区别。例如深蓝色适合表现朴素、静谧的感觉，淡浊色调的蓝色则具有清新、柔和的感觉。

配色要点

多种彩色进行组合的时候，纯色调和暗色调给人的印象就有很大的差别。

色相

每一种色相都有其独特的色彩意义，当看到红色、紫色时，第一感觉就会联想到女性，看到棕色、绿色的组合，就会使人想到大自然。根据需要选择恰当的色相，是塑造配色印象框架的关键。

配色要点

不同色彩组合的配色印象，色相型是主要的决定因素，无色系的加入也会对整体有一些影响。

对比强度

对比强度包括了色相对比、明度对比和纯度对比，调整配色之间的对比强度，就能够对整体配色进行调整，加大对比增加活力感，减弱对比则产生高雅、含蓄的感觉。

配色要点

调节色彩之间的对比强度，是在整体感觉不变的情况下，所做的细节上的调整。

面积比例

在一个家居空间中，占据最大面积的是背景色，其中墙面有着绝对面积及地位的优势；而主角色因为位于视线的焦点所以最引人注意，它们的色彩就对空间整体配色的走向有着绝对的支配性。

配色要点

背景色和主角色的关系决定着空间的整体基调，其他色彩因为面积小，影响力也有所减小。

家居配色技巧

主色调决定情感意义

在进行家居配色时，可以根据想要表达的情感意义来选择占据主要位置色彩的主色调。总的来说，纯、明色调能够传达出活力感；淡色或明浊色调能够传达出温馨、舒适的感觉；暗一些的色调适合表现传统感和稳重感。例如想要温馨的居室，所选风格的代表色是黄色，就可以用浅黄色或米黄色涂刷墙面。

◀ 墙面和寝具占据大面积的都是明浊色调，所以空间给人一种柔和而高雅的感觉。

同样的组合面积不同也会有变化

同一类配色运用到家居空间中，同样可以有丰富的变化，这种变化并不是特别显著的，而是细微的、柔和的，可以从配色面积、色相、色调上制造这种变化。例如同样的田园印象，一组墙面为绿色，沙发为咖啡色；而另一组用浅咖啡色刷墙面，搭配深绿色沙发。这两组就会有区别。

◀在其他色彩不变的情况下，寝具以黄色为主搭配蓝色就显得明亮，颠倒过来就显得更冷静一些。

更换地毯氛围也会随之而变化

地面的色彩虽然影响力不如墙面，但在其他部分色彩不变的情况下，如果改变地面的色相甚至是花纹，整体配色印象也会发生一些改变。例如在客厅、卧室等空间中常用块状地毯作装点，它也是环境色中最易改变的色彩，很多时候，只要更换一块地毯，空间的色彩印象就会发生变化。

▲左图中地毯与床为同色系，整体感觉较为素净；右图地毯更换为土黄色，与紫色椅子为互补型，比未更换前多了一丝活泼感。

特点明确的点缀色的改变也能改变整体色彩印象

虽然主导氛围的是大面积的色彩，但有的时候更换关键部分的点缀色，也能改变色彩印象。例如客厅中背景色使用淡米色底灰色花纹的壁纸，沙发、台灯和靠枕都使用白色，沙发的部分就会感觉有些单调；若将白色的靠枕换成与墙面接近的灰色，层次感就会丰富一些，但因为与墙面有呼应，并不会破坏整体感。

▲将左图中的白色靠枕换成右图中的灰色，仍具有整体感，但层次更丰富。

素雅、抑制 无色系或冷色系为主

素雅感主要靠柔和的色调来表现，色彩上以白色、灰色以及茶色为主。灰色宜选择浅灰或中灰，茶色适合选择浅色或浊色，如果色调太深就会失去雅致感。

印象配色解析

此类配色印象很容易让人感觉单调，可以加入一些低纯度但不宜过暗的蓝色或绿色来调节空间整体的层次感，为朴素增加一点清新。还可以加入米灰色，但红色、黄色这类色彩不适合大量的使用，可以用花卉的形式加入进来，其他形式需要慎重考虑。

橙色调和后可得到茶色系，以无色系的灰色或茶色为主，搭配冷色或绿色作层次调节，具有素雅感。

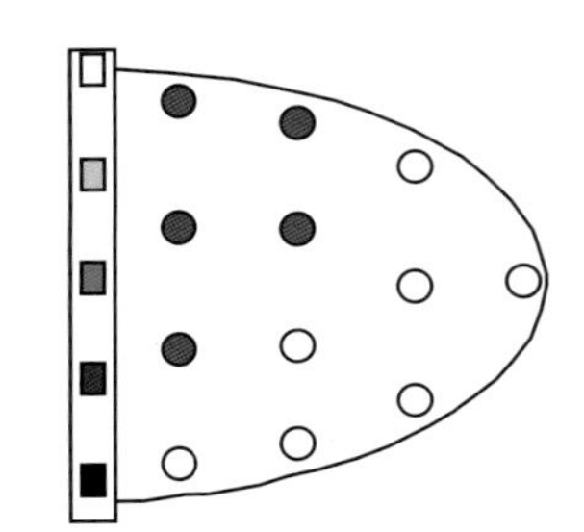

色调以高明度淡色调及浊色调为主，可搭配与浊色调相邻的色调。

√

×

避免高纯度色彩，整体感觉淡雅、过渡平稳的配色方式，具有素雅印象。

素雅、抑制印象类别速查

白色 + 灰色 + 黑色

以无色系的白色或灰色组合作为空间中的主要配色，能够塑造出具有素雅且同时带有都市氛围的印象，可以同时少量加入黑色作点缀。

配色要点

灰色的色调很重要，适合采用一些具有柔和感的色调，不宜使用太暗的灰色。

灰色

总的来说所有的灰色都具有睿智、高档的感觉，但表现素雅感更适合选择淡浊色至中灰范围内的灰色，可以用灰色同时搭配米灰色和白色；还可以用它来同时搭配白色 / 米灰色和非暗色调的茶色，具有高档感。

配色要点

如果选择一些彩色作点缀色，适合选择柔和的色相，否则容易破坏朴素感。

茶色

咖啡色、卡其色、浅棕色等都属于茶色系，属于比较中立的色彩，很适合表现朴素感。深浅不同的茶色搭配白色或米色，不加入其他任何颜色，就能够塑造出朴素的感觉，同时还带有禅意。

配色要点

以淡色调的茶色或米色装饰墙面，搭配茶色系的家具，加入一些白色作调节，即使小空间也适用。

蓝色

用蓝色表现朴素感，主要依靠色调和配色，需要选择带有灰度的色调，同时组合灰色、茶色、米色、白色中的 1 ~2 种，若使用明亮的或淡雅的蓝色，配色就会转变为清新的色彩印象。

配色要点

蓝色表现朴素感时，基本不建议用在墙面上，可以用在沙发、地毯或者靠枕上。

绿色

用绿色表现朴素感，使用的方式与蓝色类似，都需要选择恰当的色调，柔和的、带有一些灰色调的浊色调最佳，同时搭配一些类似色调或差别不大的灰色是塑造朴素感的关键。

配色要点

可以在浊色调范围内选择明度不同的绿色，用在不同部位与灰色组合，具有层次感。

家居配色技巧

素雅感需要内敛的配色类型

塑造具有朴素感的家居空间，在几种适合大范围使用的代表色中，组合越内敛素雅感越强。还有的色彩完全不适合表现素雅感，例如非常温暖的暖色系，以及个性太强的紫色和紫红色。而其他的色相中，蓝色、绿色适合适度地使用一点低彩度类型，例如深蓝色、灰蓝色、灰绿色等。

▲ 用米灰色的寝具搭配茶色的墙面和地面，素雅感强烈，灰蓝色窗帘的使用增添了一点沉静感。

色彩面积掌控总体感

朴素感的塑造要将几种代表性的色彩有选择性地组合起来，但占据大面积位置以及占据重点位置的色彩不同，所塑造的印象就会略有差别。如灰色为主，搭配茶色和蓝色就朴素一些；若茶色为主，搭配灰色和蓝色就更柔和、更高级一些。

◀ 茶色系为主占据大面积，灰色占据小面积，所以氛围在素雅的整体感中偏向于柔和。

质朴、温和 色彩取自于自然素材

自然印象的色彩给人舒适、朴素的感觉，它们源自于自然界中泥土、树木、花草等事物的颜色，常见的为棕色、土黄色、褐色等大地色系以及绿色、黄色等。

印象配色解析

除了色相外，色调也很重要。中等明度、纯度比较低的色相大面积使用才具有自然感，即使是对比色放在一起也不会让人感觉过于艳丽和刺激。色彩之间过渡平稳、缓和，最具代表性的是绿色和大地色的组合，多种自然类风格中都会出现这种组合。

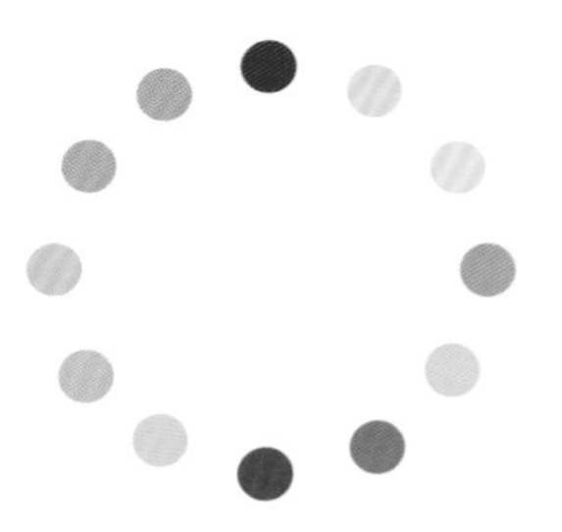

以自然事物为来源的棕色、绿色大面积使用具有自然感，同时可少量组合黄色或红色。

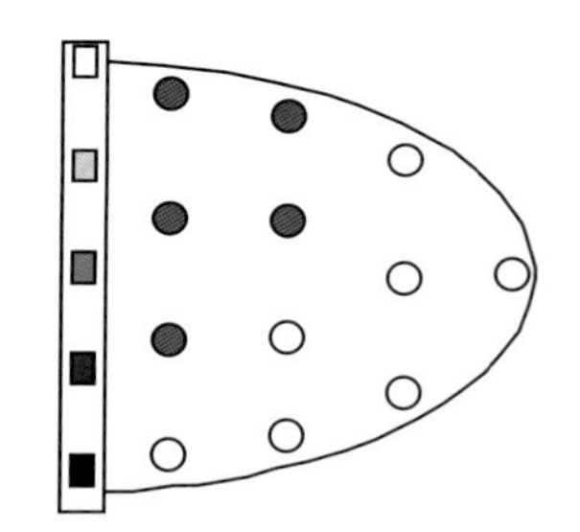

尽量避免使用过于艳丽的纯色调以及过于深暗的色彩，其他色调均可表现自然韵味。

√ ×

以绿色和大地色为主，避免大面积冷色和黑色、灰色等无色系的配色方式，具有自然印象。

质朴、温和印象类别速查

绿色 + 白色 / 米色 + 大地色

绿色是最具代表性的自然印象的色彩，能够给人带来希望、自由的氛围，搭配白色或米色作主色显得更为清新。大地色通常用在地面或部分家具上，家具多用木质。

配色要点

这种配色组合中，绿色的色调是关键，起到左右整个配色印象的作用。

绿色 + 大地色

树木与泥土是随处可见的自然事物，这两种颜色搭配在一起，不论是高明度还是低明度，都具有浓郁的自然氛围。绿色为主色时，氛围更清新一些，大地色为主色时，则更沉稳一些。

配色要点

两者搭配的时候可以适当地拉开色调差，来增加配色的层次感，避免单调。

大地色

大地色系就是泥土的颜色。展现自然配色印象常用的大地色系有棕色、茶色、红褐色、栗色等，将它们按照不同的色调进行组合，加入一些浅色，作为家居配色能够使人感觉可靠、稳定。

配色要点

大地色比较特殊，如果只是大地色系内部组合，不使用木类材料很难凸显出自然感。

绿色 + 红色 / 粉色

自然界中另一种常见的植物就是花朵，仍然用淡浊或浊调的绿色作主色，搭配红色或粉色作辅助色或点缀色，犹如绿叶与花瓣，具有浓郁的自然韵味，这种源于自然的配色非常舒适，并不刺激。

配色要点

从常见的粉色或红色花朵上选取颜色，按照它们来进行室内配色，更容易获得舒适的活泼感。

家居配色技巧

▲ 白色、绿色和浅茶色的组合，搭配自然类的材质和格纹图案，清新又兼具自然韵味。

色彩面积掌控总体感

在所有的装饰元素里，色彩是首先引起人们注意的元素，即使搭配简约造型，只要选择具有自然感的配色，也可以塑造出自然配色印象。例如以绿色作背景色或主角色，组合一些大地色，如果同时使用一些自然类的材质，例如棉麻的布艺或一两件原木色家具，即使是简约的居室也能够塑造出自然印象。

将色彩与图案结合

可以将色彩与自然感的色彩组合起来使用，强化色彩印象。例如表现自然印象的居室中时，可以选择用带有花朵、树叶图案的材质来表现，这样的图案本身就具有田园特点，经过设计师设计，配色会比较协调，不会破坏整体的基调。

▶墙面的花朵图案与绿色植物相得益彰，使居室的自然感更强烈。

大地色系可选自然类材质

大地色在家居配色中最常见的是棕色和茶色，它们源于自然界中土地、树皮等自然事物的颜色。在使用此类色彩时，如果能用自然类的材料将其显现出来，就会强化自然的配色印象例如木料、藤、竹、椰壳板等材料。如果不喜欢这类材料的家具或饰品，可以选择铺设此类色彩的木地板。

▲ 无论是墙面的木质饰面板还是棉麻材料的沙发、木地板，都透露着亲切的自然感。

开朗、活泼 鲜艳的暖色不可缺少

以高纯度暖色为中心的家居配色设计，最具活力感。纯正的红色、橙色、黄色，是表现活泼感不可缺少的色彩。除此之外，加入纯度和明度较高的绿色和蓝色作为配角色或点缀色，能够使色彩组合显得更加开放，增强开朗的感觉。

印象配色解析

而从色相型上来说，最具活力感的是全相型，所以理论上说以暖色为主的色彩的数量越多活力感越强，但如果控制不好容易使人感觉过于喧闹，所以建议使用两种左右的纯色最佳。

以高纯度暖色为中心的配色具有活力印象，即使是大面积冷色环境中，只要采用高纯度暖色作点缀，也具有活力感。

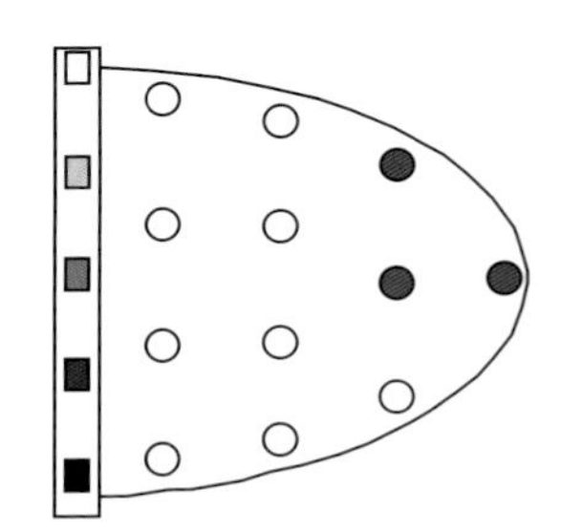

至少有两种暖色的色调为纯色调或接近纯色的色调，才能体现出活力的配色印象。

√

×

以高纯度暖色为中心的配色方式才具有活泼感，若大面积使用冷色且没有高纯度暖色，则没有活泼感。

开朗、活泼印象类别速查

单暖色 + 白色

白色的明度最高，用它来搭配任意一种高纯度的暖色，都能够通过明快的对比，强化暖色的活泼感。暖色可用在重点墙面也可用在家具上，若暖色的周围都是白色，效果更佳。

配色要点

在白色沙发中，摆放一组单暖色靠枕，如橙色，即可为客厅增加活泼感。

暖色组合

用暖色系中两种或三种色彩来组合，能够使活力感加强；若同时还使用白色作背景色，将暖色组合用在家具上，能使氛围更强烈。如果想要降低刺激感，可以将一种暖色重点使用，其他作点缀色。

配色要点

此种配色方式如果作点缀色纯度可高一些，如果有一种作背景或主角色，建议调整明度。

对比色

仍然是以高纯度的暖色放在突出的位置上，例如用在墙面或家具上，搭配对比或互补的色彩，如红与绿、红与蓝、黄与蓝、黄与紫等，就可以具有活泼感，即使多为点缀色也仍具有此种效果。

配色要点

相比较近似型的暖色组合来说，这种方式由于色彩色相差别大，活力感更开放一些。

多色组合

多彩色组合最具代表性的就是全相型的配色，以白色作背景色或主角色，至少要有三种高纯度色彩组合的全相型作点缀。其中冷色或中性色，越艳丽开放感和活力感则越强烈。

配色要点

这种方式虽然很喜庆，但对有些人来说会感觉喧闹，所以比较适合年轻人和儿童。

家居配色技巧

▲ 大面积的彩色降低了纯度而小面积的彩色中使用几种纯色，兼具了活力感和舒适感。

色调是关键

所用色彩的色调是塑造活泼印象的关键，例如同样的黄、蓝组合，纯色调的组合就具有活泼感，而若将色调变成淡色调或淡浊色调，则就会使人感觉更纯真、透彻。所以想要使空间具有活力的感觉，以白色作为背景色是一个关键，另外作为起到主要作用的彩色至少需要两种纯色调进行组合。

▲ 地面上使用了折线花纹的红色地毯，为客厅增强了活力感。

选择动感图案可以强化活力感

有时为了配合风格的特点，使用暖色需要降低一些明度，而又享有一些活泼感。可以利用图案来达到目的，包括圆形、圆环、曲线、折线、色块拼接等此类具有动感的图案。举例来说，单独的粉红色墙面和粉红色带有圆形对比色花纹的壁纸相比，后者要比前者活泼很多。在使用时，可以将花纹运用在布艺沙发、窗帘、地毯上，这种图案占据的面积不宜太大，以免使人感觉晕眩。

可用重复法强调活泼感

采用单暖色加白色的方式表现活泼感的时候，因为背景色或者暖色色调的变化活泼感会减弱，可以用重复配色的方式来强调活泼感。所谓重复配色法就是指一种颜色重复地出现在空间中的不同部位上，例如沙发上有橙色的靠枕，花瓶也是橙色的，装饰画上还有橙色，橙色的色彩特点就会被强化。

▲ 深一些的沙发红色与白色组合红色的活泼感有所减弱但更高级，为了更活泼一点重复使用了同色的靠枕。

▲在白色和黑色的映衬下，彩色靠枕和饰品的活泼感更加强烈。

少数色加白色或黑色印象特征更强

当采用数量少的纯色调色彩塑造活泼感时，有时因为空间面积的限制，不能大面积地使用高纯度暖色而使活泼感不够强烈，可以加入一些白色或黑色，可将它作为彩色的环境色或辅助色。例如一组彩色靠枕中加入一个白色靠枕，彩色靠枕放在黑色沙发上等，都可以使活泼感更显著。

温暖、厚重 表现传统而怀旧的感觉

经过传承的古典类家居风格，无论是中式还是欧式，给人的感觉都是温暖、厚重的，比如家传的家具，它们通常经过了岁月的洗礼，使人感觉十分高档，凝重的色彩散发出沉静与安静感，具有坚实、敦厚的感觉，充满怀旧的色彩。

印象配色解析

暗浊调的暖色，例如明度和纯度较低的茶色、棕色、红棕色等，将它们用在居室中的重点部位，例如作背景色或主角色，就能够传达出传统的色彩印象。

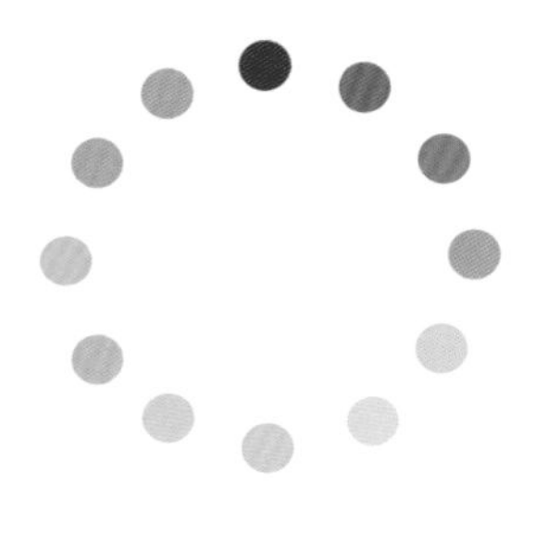

以低明度、低纯度的暖色为中心的配色方式具有传统印象，可搭配类似色调的中性色或冷色作点缀。

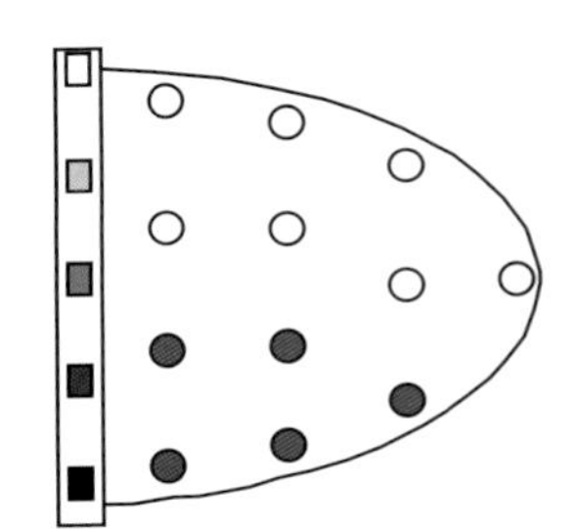

以深色及暗色调为主的配色方式，才具有传统感，淡暖色或浊暖色可用作背景色。

√

×

只有以低明度的暖色为中心才能塑造出传统印象，冷色即使是低明度，如果大面积使用也没有传统感。

温暖、厚重印象类别速查

暗暖色

以暗浊色调及暗色调的咖啡色、巧克力色、暗橙色、深棕色、绛红色等作为居室的主要色彩，就能塑造出兼具传统韵味的厚重印象。搭配白色、米色或者同色系淡色，可减弱沉闷感。

配色要点

避免将大地色与白色组合的时候加入多的黑色和灰色，容易转换色彩印象为朴素。

暗暖色 + 黑色

黑色是明度最低的色彩，坚实、厚重。在以暗暖色为大面积色彩的情况下，加入一些黑色，除了能够强化厚重感还可以增加坚实感。黑色可以作背景色、主角色，也可以作配角色。

配色要点

黑色的使用位置可以根据居室的大小和采光来决定，如果空间小或采光不佳，则不适合在墙面使用。

暗暖色 + 冷色

暗暖色为主的空间配色中，加入一些暗冷色与其形成对比配色，就可以在厚重、怀旧的基础氛围中，增添一丝可靠的感觉。环境色选择白色或浅米色，可以增加一些色调对比，避免暗沉。

配色要点

冷色与暖色的色调靠近最佳，也可以略微有一些差距，以扩大对比的强度。

暗暖色 + 中性色

仍然以深色调或浊色调暖色系为配色中心，在组合中加入暗紫色、深绿色等与主色为近似色调的中性色，能够塑造出具有格调感的厚重色彩印象空间。

配色要点

中性色可以添加一种，也可以同时使用两种，让氛围更开放一点。

家居配色技巧

▲ 墙面使用白色塑造宽敞、明亮的基调，用暗棕色的古典造型家具表现传统感，与白色组合具有明快感。

色调是重要的一个元素

塑造厚重的配色印象，最重要的是要以暗浊色调的暖色为主，多采用明度和纯度较低的色彩。若选取两种进行组合作为主要部分的色彩，则厚重感更浓郁。如果不想对比过强，可以不用白色调节而用浅米色或米灰色作墙面色彩。为了避免过于沉闷的感觉，可以搭配一些明度较高的色彩来调节氛围。

▲ 墙面以及地面材料的花纹分化了暗暖色的厚重感，减弱了沉闷感。

用图案调节层次

塑造具有传统感的居室时，有时候会大面积地使用厚重的暖色。如同时在墙面、地面和家具上使用，需要注意的是，大块面的暗浊暖色用得过多，很容易产生沉闷的感觉，可以用花纹来避免沉闷。例如用墙纸代替墙漆，棕色带米色花纹的壁纸要比棕色的木质显得更灵活一些。